U0959045

高职高专艺术学门类"十四五"系列教材

3ds Max 游戏场景制作（第三版）

3ds Max YOUXI CHANGJING ZHIZUO

主　编　刘俊生

副主编　覃　婧　居华倩　詹仲凯　王春霞

参　编　张　黛　郑丽伟　于志博　熊朝阳

华中科技大学出版社

http://press.hust.edu.cn

中国·武汉

内容简介

《3ds Max 游戏场景制作（第三版）》是由苏州蜗牛游戏公司的技术骨干与苏州工艺美术职业技术学院等院校专业教师联手推出的系列应用型教材之一。全书结合游戏场景制作的具体案例，配合文字和视频，向读者呈现了一套完整而全面的游戏场景制作流程与操作方法，为读者进入游戏行业铺平了道路。本书是此系列教材的第一本，主要介绍了模型制作、UV 拆分以及贴图（法线贴图、AO 贴图、透明贴图等）制作的方法。

游戏场景制作是游戏公司中一个重要的工种，也是游戏从业人员必须学习的重要课程，掌握游戏场景制作技能是进入游戏行业的必由之路。本书利用游戏场景制作的范例，通过详细、完整的视频操作，让读者便捷、直观地学习游戏场景制作的核心内容。本书的编者为游戏公司的技术骨干和院校教学骨干，都有 5 年以上的制作经验或教学经验。

本书主要针对游戏爱好者、艺术院校学生、在职设计师、网络游戏美术设计师、培训机构三维计算机美术专业人员等而编写。

彩图压缩包　　　　手绘作品压缩包

图书在版编目（CIP）数据

3ds Max 游戏场景制作 / 刘俊生主编 . —3 版 . —武汉：华中科技大学出版社，2023.4
ISBN 978-7-5680-9296-8

Ⅰ . ①3…　Ⅱ . ①刘…　Ⅲ . ①三维动画软件　Ⅳ . ① TP391.414

中国国家版本馆 CIP 数据核字（2023）第 053787 号

3ds Max 游戏场景制作（第三版）
3ds Max Youxi Changjing Zhizuo（Di-san Ban）　　　　刘俊生　主编

策划编辑：彭中军
责任编辑：史永霞
封面设计：孢　子
责任监印：朱　玢
出版发行：华中科技大学出版社（中国 · 武汉）　　电话：（027）81321913
　　　　　武汉市东湖新技术开发区华工科技园　　邮编：430223
录　　排：武汉创易图文工作室
印　　刷：湖北新华印务有限公司
开　　本：880 mm × 1230 mm　1/16
印　　张：9
字　　数：305 千字
版　　次：2023 年 4 月第 3 版第 1 次印刷
定　　价：59.00 元

前言
Preface

游戏场景是通过软件制作的，表面看来只需熟悉软件即可，其实不然，在游戏场景的制作过程中包含个人审美、绘画知识等的综合运用和展现。可见，游戏场景的制作属于美术范畴。游戏美术是当代技术的产物，是随着科技发展应运而生的虚拟电子艺术。这种电子属性赋予了游戏美术特殊的表现形式。美术手段伴随着电子工具的发展与更新成为游戏美术的特征，也丰富了游戏美术的表现形式。游戏美术的表现需要技术的配合，没有技术配合的游戏美术是经不起推敲的，只有掌握了以实现美术为目的的技术才能够为这种艺术形式的发展添砖加瓦。

没有哪一种艺术门类是独立存在的。游戏美术同样与其他艺术形式息息相关，与任何其他艺术形式一样，游戏美术有游戏的感觉形式。游戏美术以其特有的艺术形式塑造了“另一个世界”，使得玩家融入“幻想王国”中，追求在现实生活中无法体验的感受，激励玩家幻想，使之体会“另一个世界”的生存精神。游戏场景在游戏中的作用是更多地反映“游戏世界观”并进行氛围的烘托，同时反映时代背景、衬托人物形象。游戏场景的制作是一种创作，是需要用感情来进行的。游戏场景的制作不仅是技术展现的过程，而且塑造着世界的精神。

就目前我国游戏行业的整体来看，其发展势头强劲，不断涌现优秀的游戏作品，且制作较为精美。但是，我国的游戏在 20 世纪 90 年代才开始成长，发展至今，从启蒙到制作经历了起落，也经历了很多曲折，难免有“东施效颦”和“闭门造车”的情况。同时，在国人对游戏持负面认识的大环境下，游戏公司盲目追求利益最大化使得游戏制作人员很难精心钻研，国内游戏美术人才的成长举步维艰。由于游戏行业在我国起步较晚，游戏公司的游戏美术人员大多数是高校美术专业毕业的学生，对游戏美术的运用基本靠自学。游戏美术专业在近几年才在高校设置，且师资严重短缺，在短时间内很难系统化和专业化。国内的游戏美术早期受欧美和日本影响很大，直到现在，国内游戏依然没有摆脱欧美和日本风格的“烙印”。人才的断层也是国内游戏创作表现的软肋。对游戏制作认识上的肤浅，使很多人认为学游戏制作就是学软件操作，认为掌握了软件技术就掌握了游戏制作技术。技术固然重要，但想成为真正的游戏制作者必须提升综合素养。

本书是苏州工艺美术职业技术学院等院校专业教师和苏州蜗牛游戏公司的专业人士合作编写的，单从技术层面上来讲，希望使初学者能够掌握具体的命令和操作方法，但本书主要的目的是介绍游戏场景制作的思路和创意。本书受苏州工艺美术职业技术学院新形态一体化教材建设项目资助。

愿本书能够给读者带来一些启发。

编　者

目录
Contents

第一章压缩包

第二章压缩包

第三章压缩包

第四章压缩包

游戏场景实例如图 0-0-1 至图 0-0-6 所示。

(a)

(b)

(c)

图 0-0-1　游戏场景实例一

(a)

(b)

(c)

图 0-0-2　游戏场景实例二

图 0-0-3 游戏场景实例三

图 0-0-4 游戏场景实例四

(a)

(b)

图 0-0-5 游戏场景实例五

(a)

(b)

(c)

图 0-0-6　游戏场景实例六

3

3ds Max Youxi Changjing Zhizuo

第一章

游戏场景基础

游戏场景根据不同游戏类型分为不同的类型。不论是页游或端游、3D 或 2D、卡通场景或 Q 版场景，其与背景都有区别。游戏场景是实时的动态展示，而背景是静态的，主要起衬托作用。游戏场景的制作是以“世界观”为背景的。游戏场景的实现主要以功能作用为主要表现方式。3D 游戏中的场景主要是以全自由视角和固定视角来实现游戏与玩家的互动的。2D 游戏场景以横向或纵向的移动为主要表现形式，其场景不仅起到背景作用，而且具有功能作用。本书主要介绍的是 3D 游戏场景制作技术。

第一节　游戏场景的任务

一、交代时空关系

游戏场景主要营造时代背景和角色活动的空间，是游戏情节发生、发展过程中的平台和空间环境，场景的塑造主要体现游戏“世界观”所表现的时代特征、历史风貌、民族特点、关卡氛围、情节发生的时间和地点等（场景示例——《龙门客栈》场景如图 1–1–1 所示）。

图 1–1–1　《龙门客栈》场景一

游戏场景通过风格的表现，营造出社会环境和虚幻世界的特点。关卡的设定要使用不同的场景，通过玩家的主动构造能够激发玩家兴趣和抽象思维空间，比如在《龙门客栈》场景（见图 1–1–2）中展示了场景与角色的外在形象和关系，展现了故事发生的社会空间，强烈地吸引玩家进入游戏世界。

二、营造氛围

游戏整体制作时，根据游戏策划的要求，在不同的关卡营造出某种特定的氛围以激起玩家的情绪波动，比如游戏《龙门客栈》场景（见图 1–1–3）中，通过阴暗、烟雾蒙蒙、废墟等恰如其分地营造出阴森恐怖的气氛。

图 1-1-2 《龙门客栈》场景二

图 1-1-3 《龙门客栈》场景三

三、衬托角色

游戏场景的风貌及色彩基调要更好地衬托角色。游戏和动画片的叙事区别在于，动画片根据故事情节的需要，要有特写镜头；而游戏为了保证玩家的视野和打斗（见图 1-1-4）的操控性，场景不仅要衬托出角色的精神面貌，而且要通过角色在场景中的活动来反映角色的心理活动。角色与场景是不可分割、相互依存的，通过场景空间环境，为衬托角色的身份、生活习惯、职业特征等提供客观条件。

图 1-1-4 《龙门客栈》中的打斗场景

第二节　游戏场景制作的具体条件

一、美术基础

美术在游戏场景制作中的应用主要表现在绘制贴图与建筑及调整色彩等方面。扎实的美术基础可以提升场景的深入刻画（一如美术作品中的细节刻画，如图 1-2-1 所示）水平和真实表现的品质，传达给玩家强烈的视觉震撼和真实感。良好的美术基础是一种认识世界的方式、一种修养，具有良好的美术基础能在场景的制作中很快制作出高品质的游戏物品。艺术感强的美术专业人员能更有效地结合技术手段实现目标。

图 1-2-1　美术作品中的细节刻画

二、软件基础

软件是制作游戏场景、角色、用户界面、动作特效等的工具。游戏从业人员应该掌握 3ds Max、Photoshop 等主要软件的使用方法。软件掌握的熟练程度也决定了制作效率和最终的效果。软件的操作是多项工具命令的结合，了解其操作的逻辑关系需要多加练习。在场景制作过程中，软件制作的行业规范是需要经过长期练习才能掌握的，有较好的软件基础是进入游戏行业的条件之一。

三、综合素养

游戏从业者必须热爱游戏，积极、正确地认识游戏，个人知识丰富，具有较强的分析能力和动手能力，具有健康的思想和良好的文化素养。

3ds Max Youxi Changjing Zhizuo

第二章
基 础 篇

第一节　城 墙 建 模

（1）打开3ds Max，选择菜单“Customize”（订制）（见图2–1–1），再选择“Units Setup”（设置单位），单击左键，弹出单位设定对话框（见图2–1–2），单击“System Unit Setup”，将系统单位修改为“Meters”（米）（见图2–1–3），将“Metric”下拉菜单中单位也改为“Meters”。单击“OK”确定。这样3ds Max软件才以设定的单位进行计算。

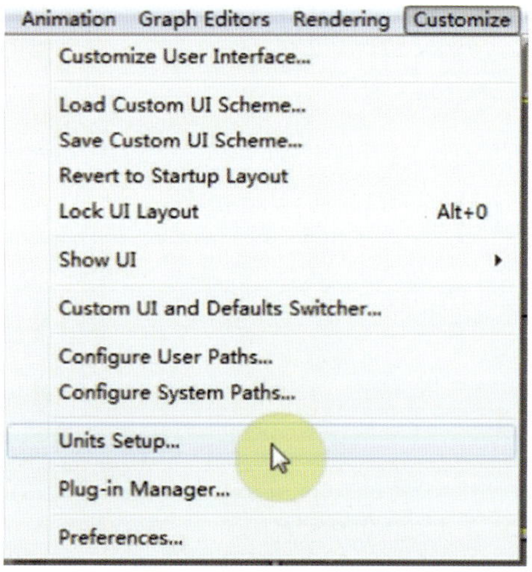

图2–1–1　选择订制菜单

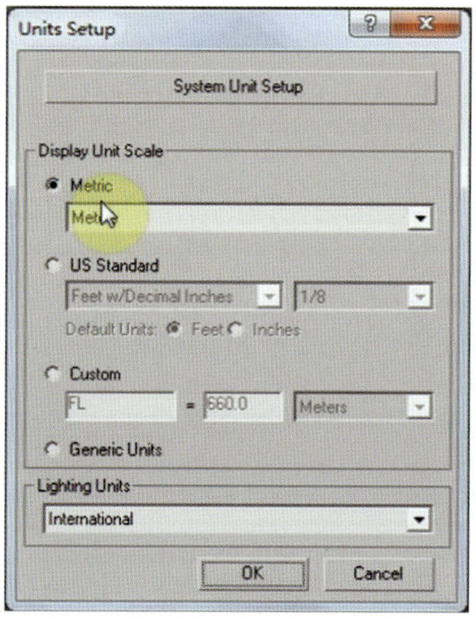

图2–1–2　单位设定对话框

图2–1–3　修改系统单位

（2）在“Create”面板中选择“Box”，然后在顶视图中拖曳出一个盒子（见图2–1–4），按P键将顶视图转换为透视图（见图2–1–5），并在修改面板中输入数值确定盒子的长、宽、高，将长、宽、高分别设为15.0m、40.0m、30.0m（见图2–1–6）。

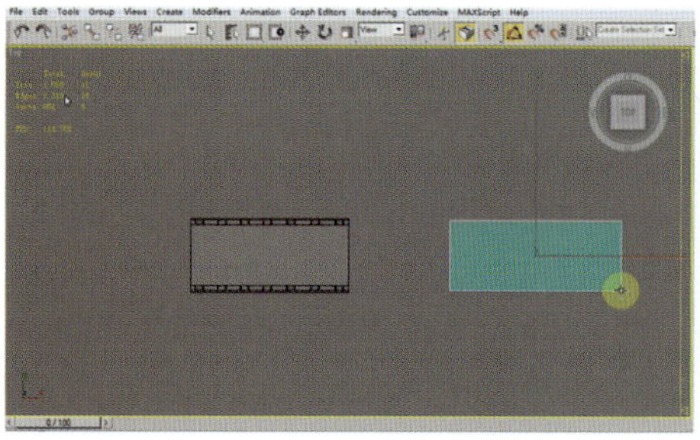

图2–1–4　拖曳出一个盒子

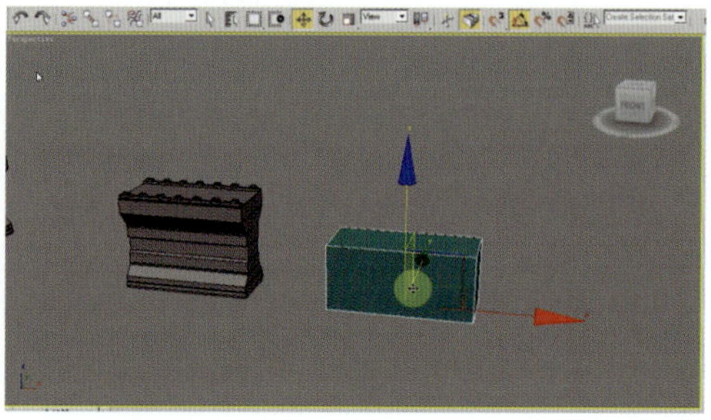

图2–1–5　将顶视图转换为透视图

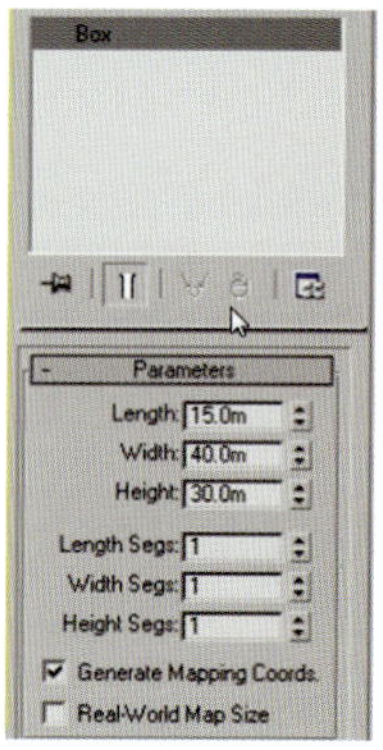

图2–1–6　设定长、宽、高数值

让视图内的盒子处于选择状态，单击右键，选择“Convert To”（转换为）中的“Convert to Editable Poly”（转换为可编辑的多边形），将盒子转换为可编辑的多边形（见图 2–1–7）。

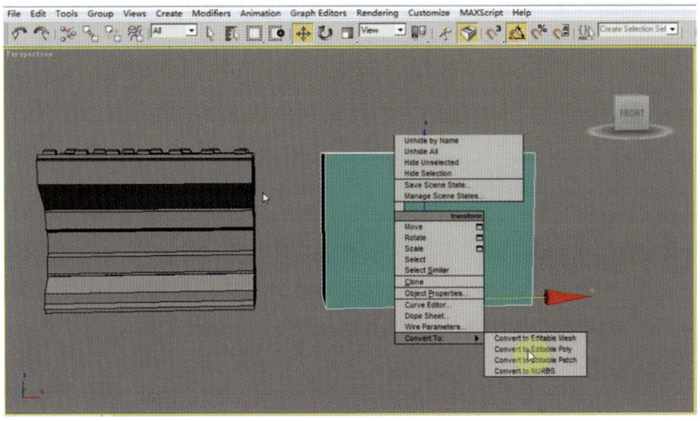

图 2–1–7　将盒子转换为可编辑的多边形

按 F4 键，使物体以“实体 + 线框”显示（按 F3 键是线框显示）。按 2 键选择操作模式（见图 2–1–8），选择纵向的一条线后，单击“Ring”（快捷键为“Alt+R”）按钮，将相邻环绕的线选中，单击右键，选择“Connect”（连接）（见图 2–1–9）（快捷键为“Ctrl+Shift+E”），连接一条线，并放在合适的位置。再根据需要执行“Connect”连接线，反复操作可制作出城墙的结构线（见图 2–1–10），为后面的拖曳结构起伏做准备。

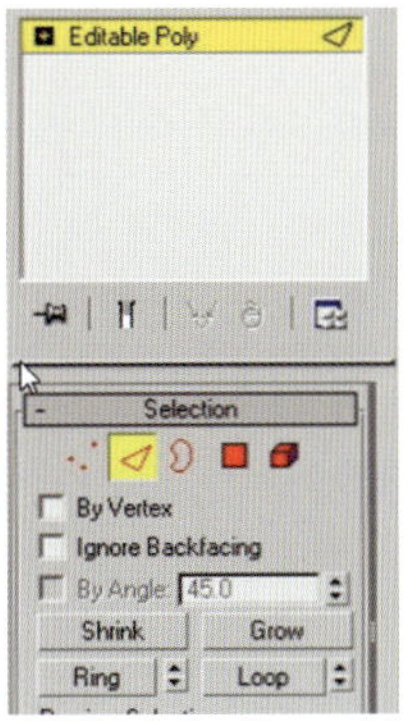

图 2–1–8　选择操作模式

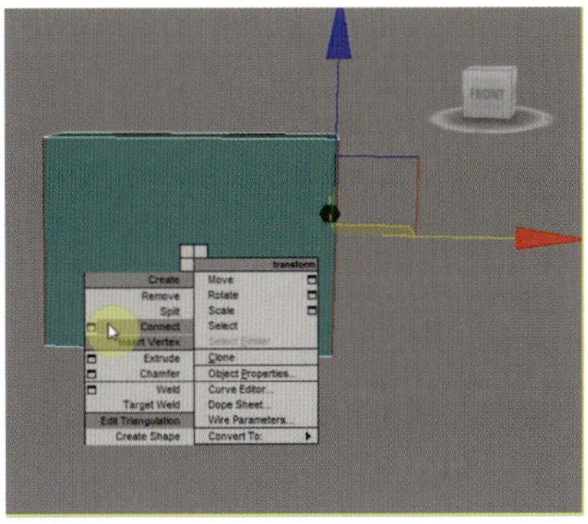

图 2–1–9　单击右键选择“Connect”

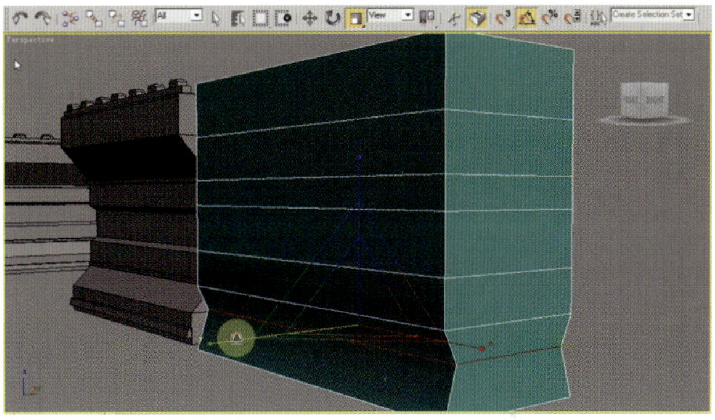

图 2–1–10　制作出城墙的结构线

（3）选择其中一条结构线，单击“Loop”选择一个圈线，用缩放工具根据造型进行缩放，将线缩放到准确位置，右键单击工具栏的三维捕捉工具，在弹出的对话框中勾选“Vertex”（顶点）（见图 2–1–11）。再右键单击角度锁定工具，在弹出的对话框中选择“Options”子面板，勾选“Use Axis Constraints”（使用轴向约束）（见图 2–1–12），在视图中的物体上选择一条线，移动鼠标到线的一端，向下拖曳至下一条线的顶点。这时，由于开启了顶点捕捉和轴向约束，上下两条线会自动对齐到一个平面上。

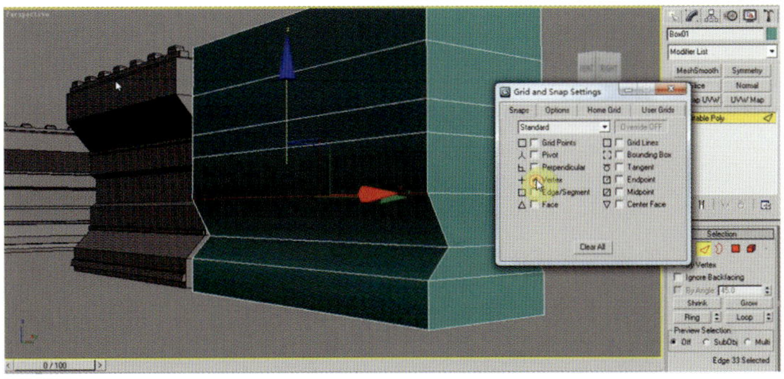

图 2–1–11　勾选“Vertex”

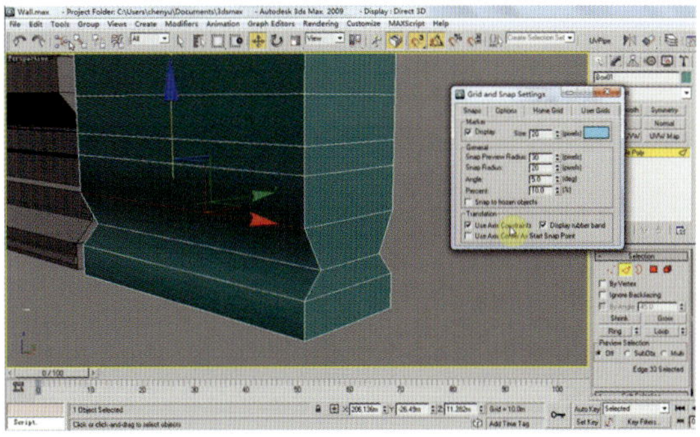

图 2–1–12　勾选“Use Axis Constraints”

（4）由于城墙是棱角分明的物体，而在 3ds Max 中建立的几何物体都默认带有光滑属性，要使物体呈现有棱角状态，必须将其光滑属性解除。按 5 键选择元素模式，单击视图中物体，物体呈现红色（见图 2–1–13），用鼠标在右边修改面板中向上推，直到出现“Polygon：Smoothing Groups”（多边形光滑组）卷展栏，用鼠标单击“Clear All”按钮，将物体光滑组清除。这时视图中的物体转折清晰（见图 2–1–14）。

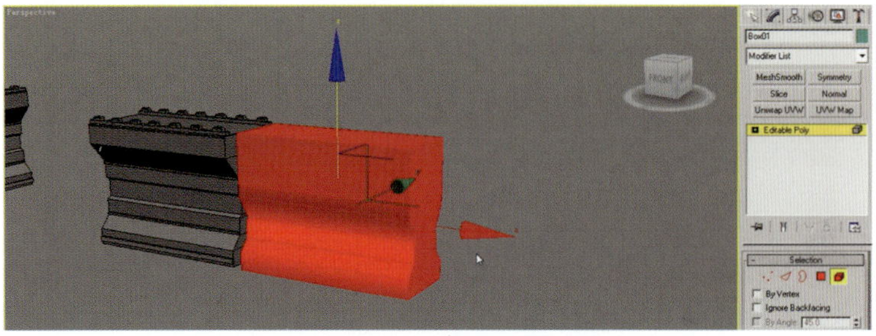

图 2–1–13　物体呈现红色

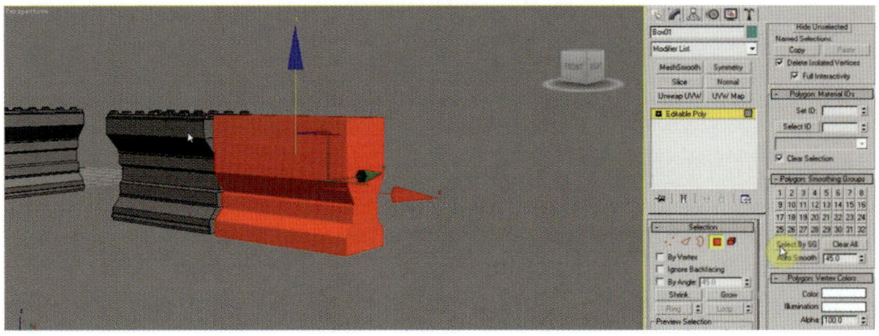

图 2–1–14　物体转折清晰

（5）按 1、2、4 键，分别选择点、线、面操作模式（见图 2–1–15 至图 2–1–17），利用点、线、面的选择进行造型。

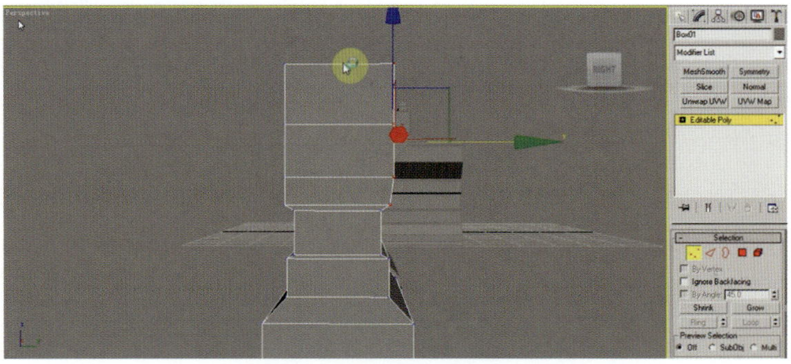

图 2–1–15　选择点操作模式

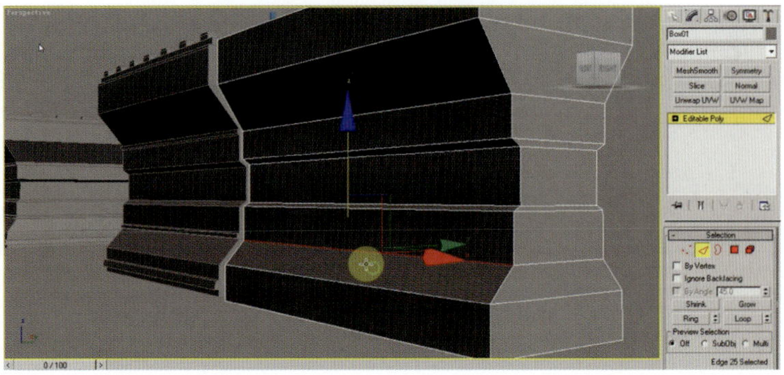

图 2–1–16　选择线操作模式

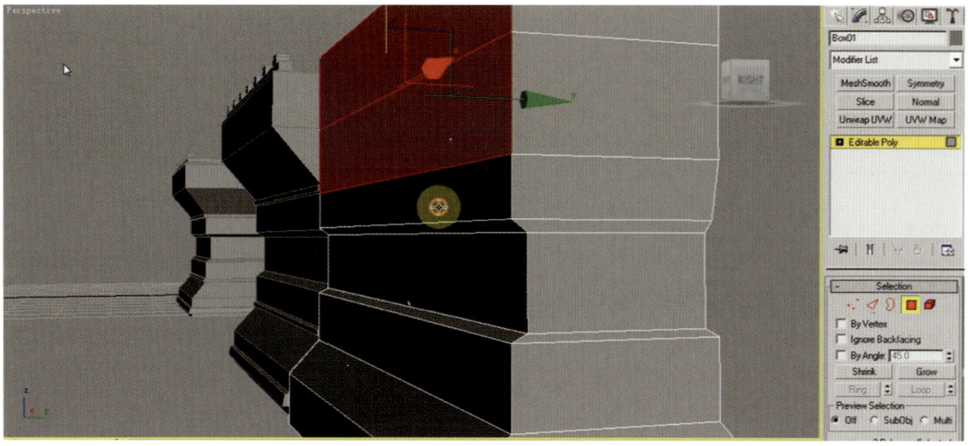

图 2–1–17　选择面操作模式

造型和样例基本符合后，制作城墙下面的包边。让城墙物体处于线操作模式下，在视图中单击城墙下面的一根线（见图 2–1–18）。

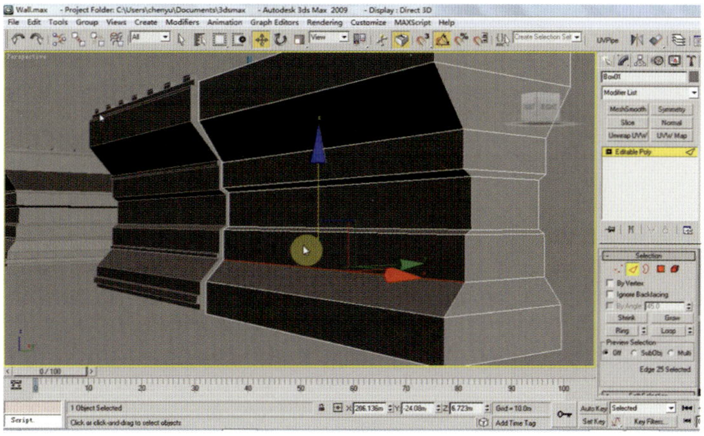

图 2–1–18　单击城墙下面的一根线

单击右键选择“Create Shape”（建立图形）（见图 2–1–19）。在弹出的对话框中点选“Linear”（线），单击“OK”。在视图中选择新建的那条线（见图 2–1–20），在修改面板中单击“Rendering”卷展栏，勾选“Enable In Renderer”（能够渲染）和“Enable In Viewport”（在视图中渲染）（见图 2–1–21）。这时，视图中的线变为可渲染的圆柱（见图 2–1–22）。

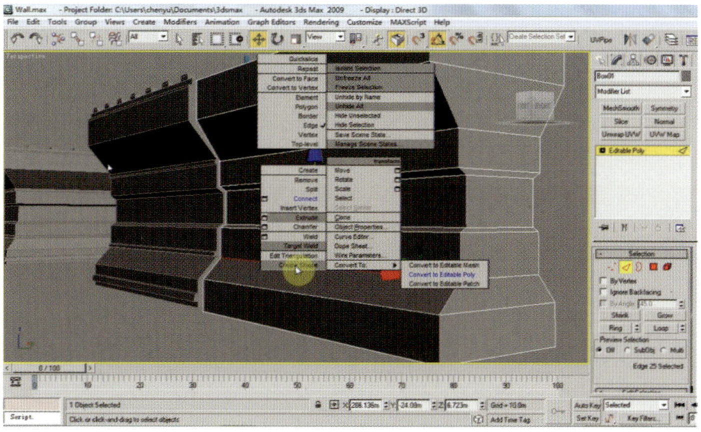

图 2–1–19　选择“Create Shape”

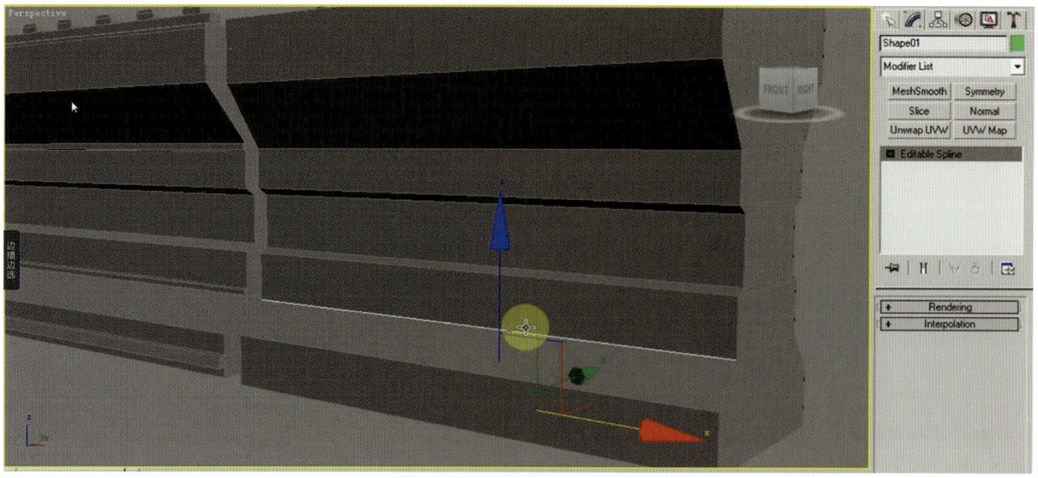

图 2-1-20　选择新建的线

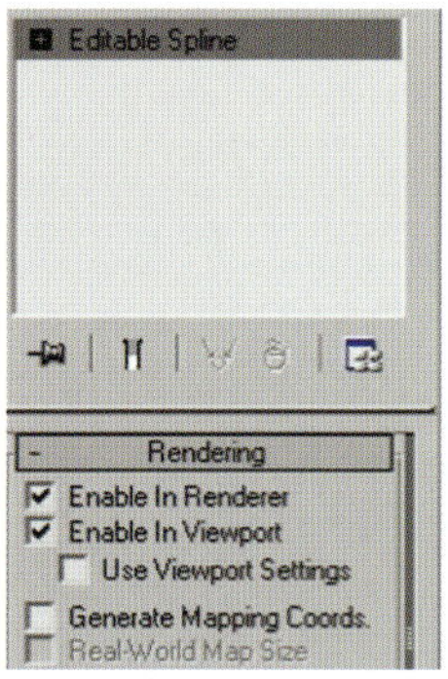

图 2-1-21　勾选“Enable In Renderer”和“Enable In Viewport”

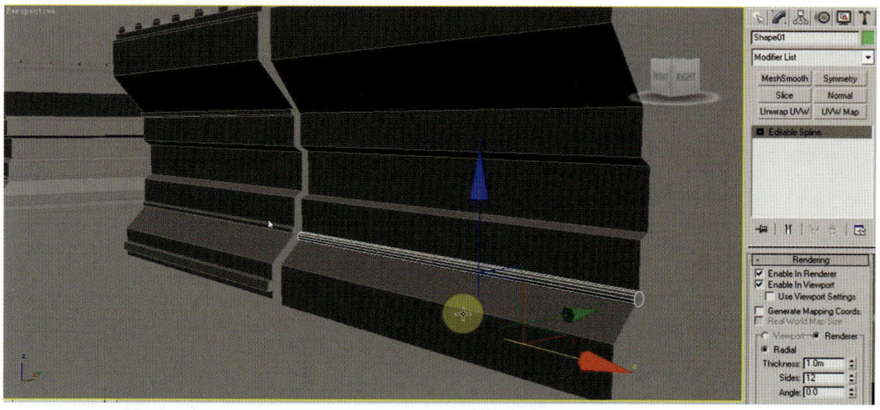

图 2-1-22　线变为可渲染的圆柱

在修改面板中将“Sides”改为 4，“Angle”（角度）改为 45°（见图 2-1-23）。

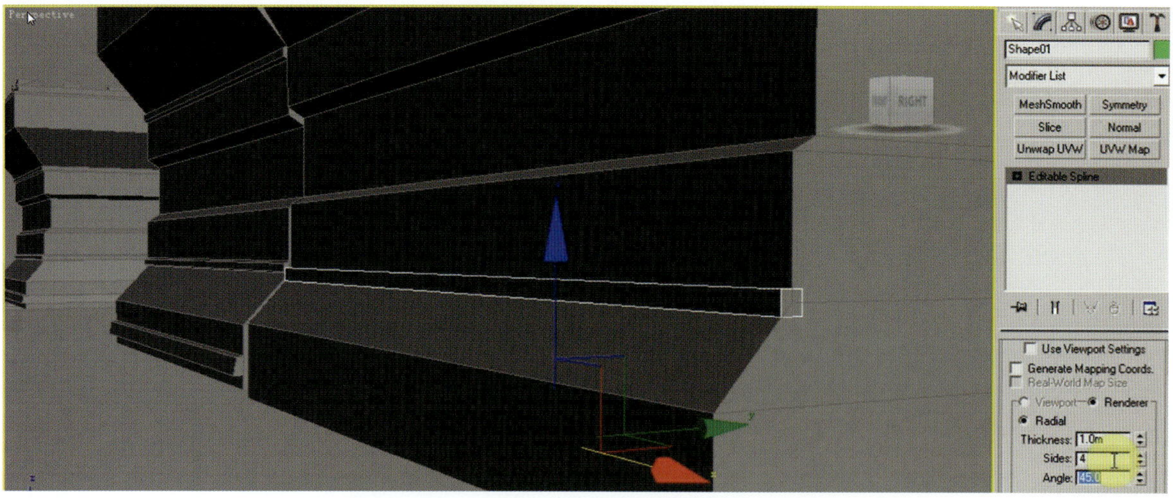

图 2-1-23　在修改面板中操作

包边完成后单击右键将其转换为可编辑的多边形进行编辑。编辑结束后，选择城墙物体，单击右键选择“Attach”（结合），再单击刚做好的包边，这样就将城墙和包边结合为一个物体了。按 5 键切换到元素操作模式，单击包边，按 Shift 键向上拖曳至城墙上方，复制出另一个包边形体（见图 2-1-24）。这时弹出复制网格的对话框，勾选“Clone To Element”（复制为元素物体）（见图 2–1–25）。重复操作，在元素模式下复制其他部分，并将各部分放置在合适的位置。

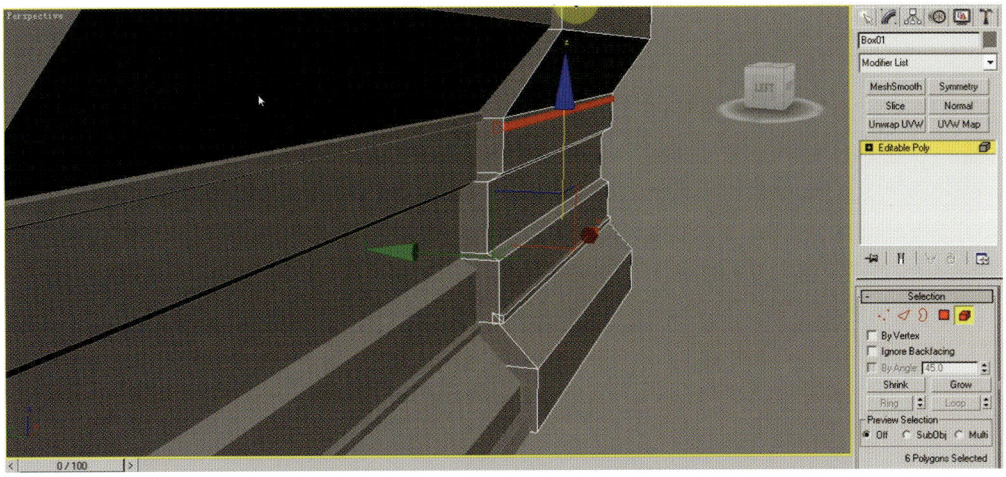

图 2–1–24　复制出另一个包边形体

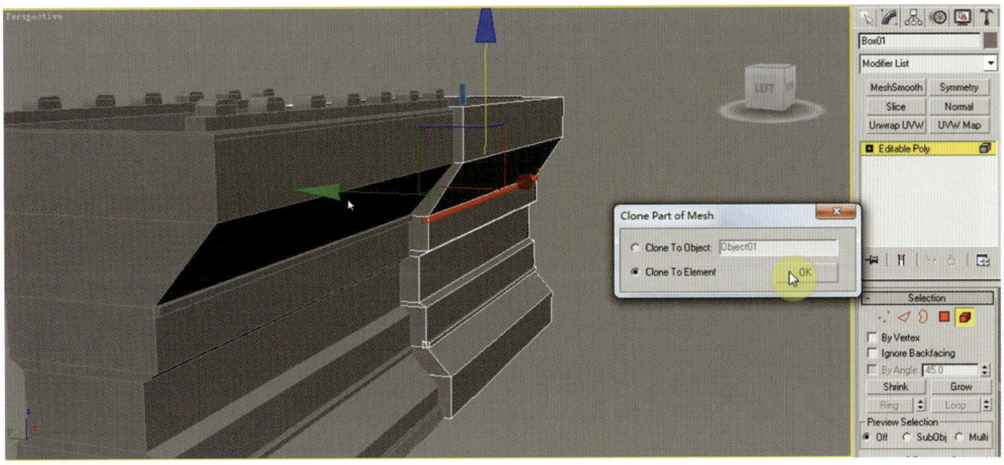

图 2–1–25　勾选“Clone To Element”

（6）城墙垛口的制作。在城墙的上方建一个盒子，高度为 2 m（见图 2–1–26），模拟一个游戏角色的高度，方便比较人高和垛口高度的比例关系。按 T 键将视图切换为顶视图，在“Create”面板中选择“Box”。在视图中拉出一个和城墙长度相匹配的盒子，并转换成可编辑的多边形（见图 2–1–27）。按 F4 键使新建物体的轮廓线显示，并利用点、线、面操作模式调整其大小和高低（见图 2–1–28）。

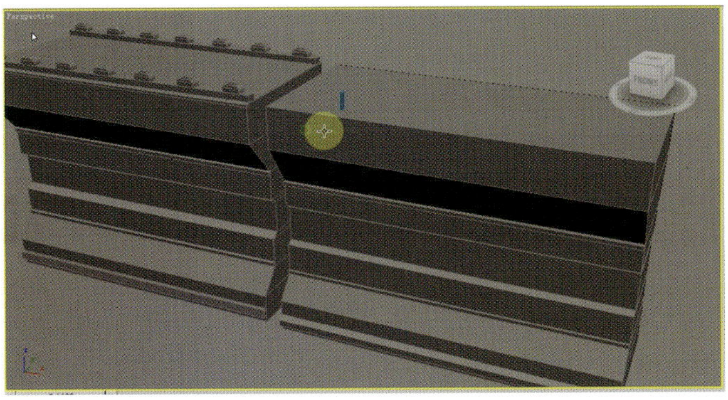

图 2–1–26　建立一个高度为 2 m 的盒子

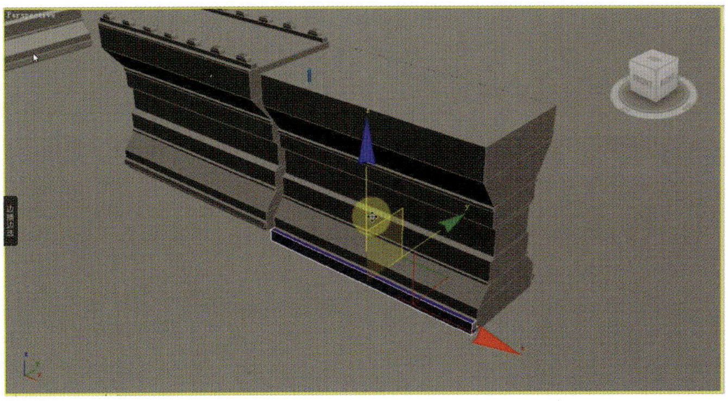

图 2–1–27　拉出一个盒子并转换为可编辑的多边形

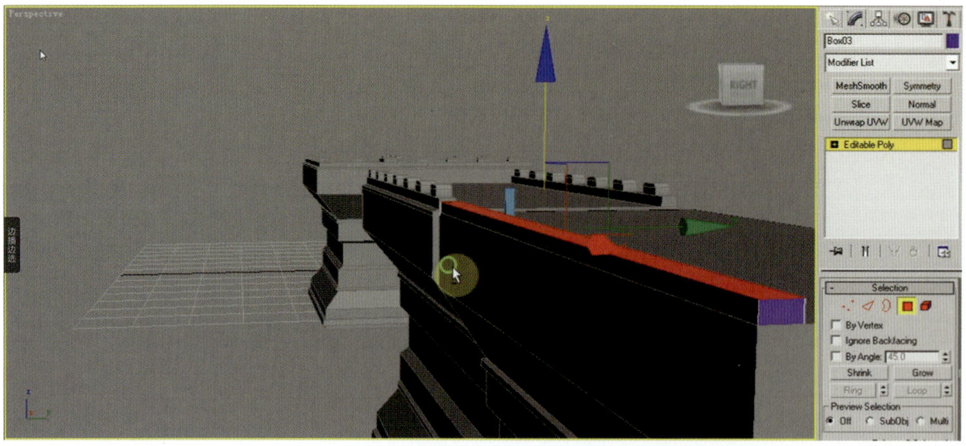

图 2-1-28　调整新建物体的大小和高低

按 5 键使物体处于元素操作模式，按 Shift 键，利用缩放工具复制出一个新的物体。在弹出的对话框中选择“Clone To Element”（见图 2-1-29），用移动和缩放工具调节复制出的物体的大小并将其放置到合适的位置。

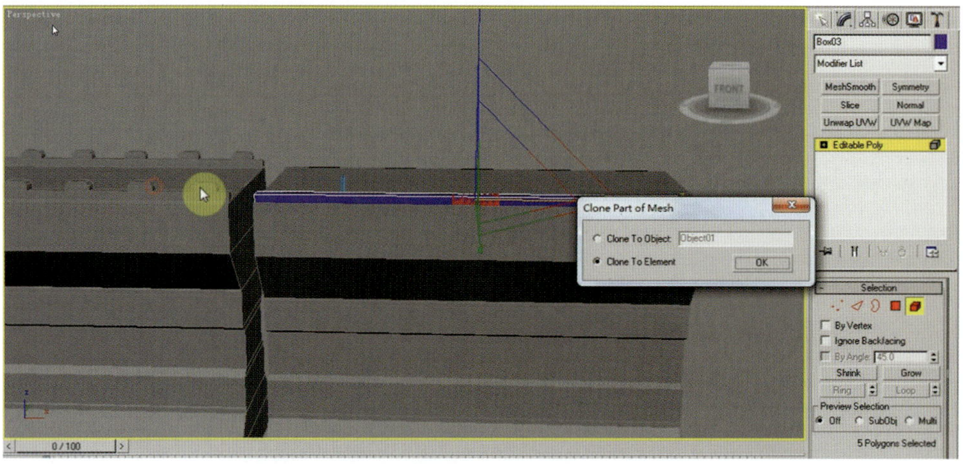

图 2-1-29　选择“Clone To Element”

按 2 键切换为线操作模式，选择需要操作的线段，单击右键选择“Chamfer”（倒角）命令，在弹出的对话框中将“Chamfer Amount”（倒角程度）设置为 0.3 m（见图 2-1-30）。

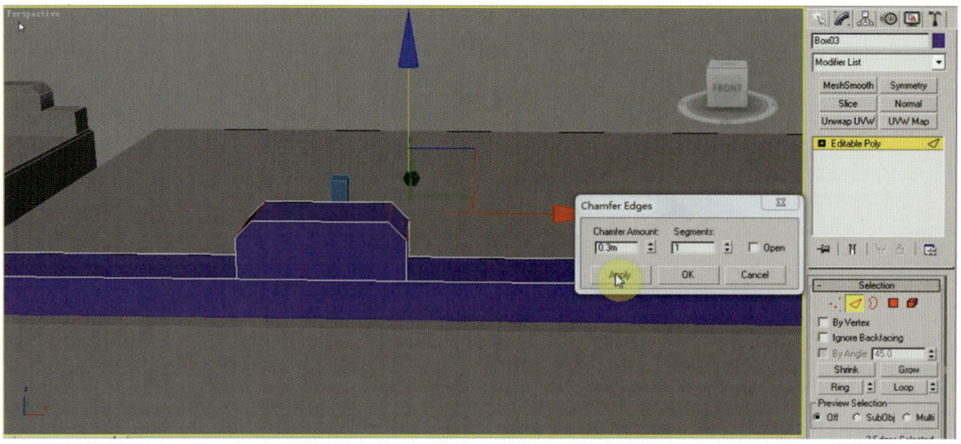

图 2-1-30　设置“Chamfer Amount”

按 1 键后，再按 F3 键，切换到点操作模式和线框显示模式（见图 2-1-31），选择下面的点，单击右键，选择“Connect”将点连接起来（见图 2–1–32）。连接的目的是让模型没有某一面边数超过 4 的情形出现。

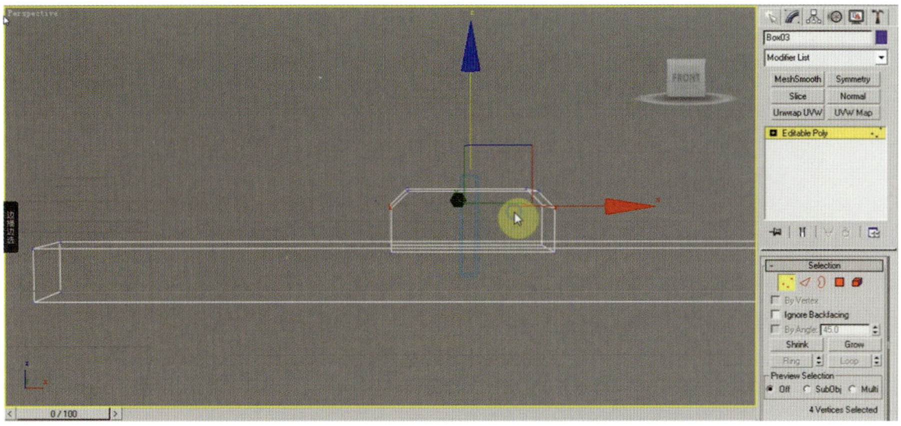

图 2–1–31　切换到点操作模式和线框显示模式

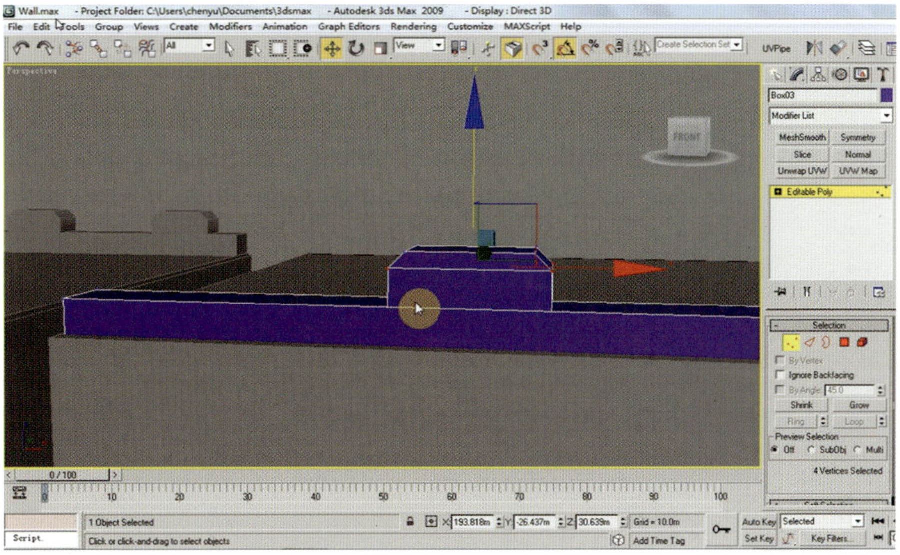

图 2–1–32　选择“Connect”将点连接起来

注意：如果不连线，就容易产生模型某一面边数多于 4 的情况，如图 2–1–33 所示。这在模型制作中是不允许出现的。

按 5 键切换到元素操作模式下，按 Shift 键拖曳复制出其他的城墙垛口，并复制出其他部分。

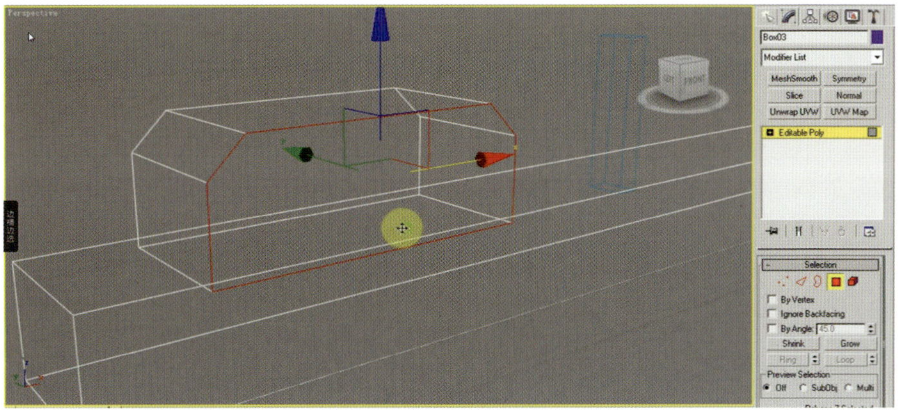

图 2–1–33　模型某一面边数多于 4 的情况

（7）将做好的整个城墙复制出来，并和原始的城墙成 90° 相接，选择两个城墙的其中一个，单击右键，选择“Attach”，再单击另一个，将两个城墙结合成一个（见图 2–1–34）。

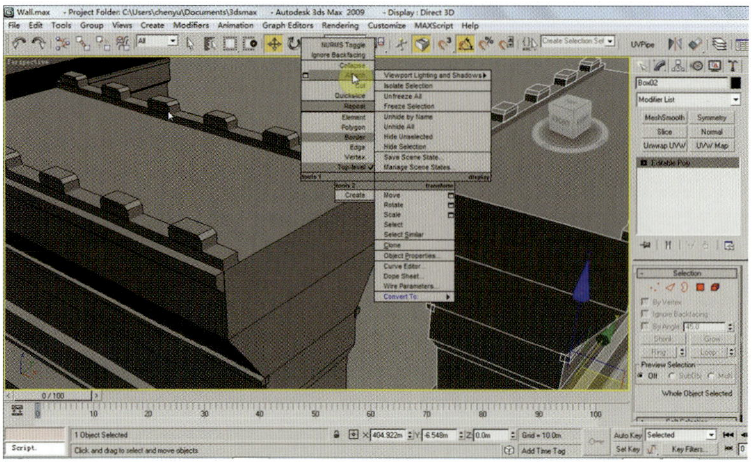

图 2–1–34　将两个城墙结合成一个

按 4 键切换到面操作模式，将侧边的面选中（见图 2–1–35）并删除（见图 2–1–36），将底面也删除（见图 2–1–37）。

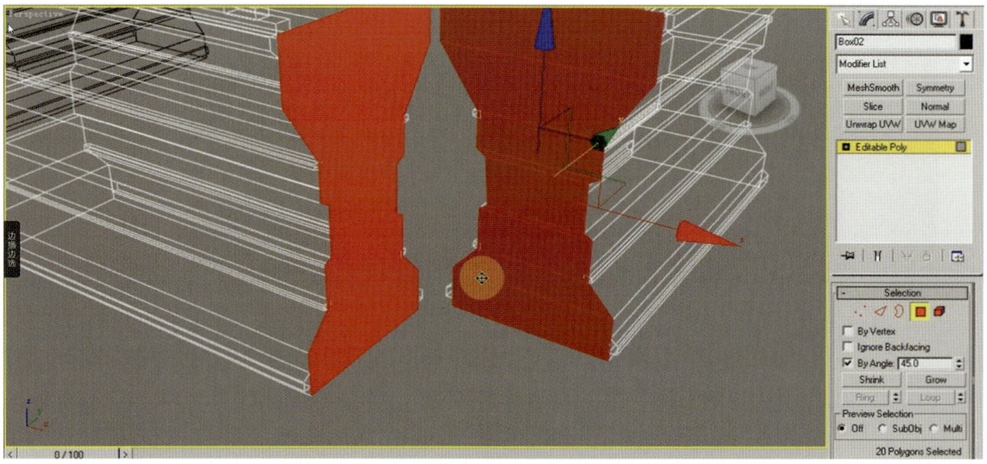

图 2–1–35　将侧边的面选中

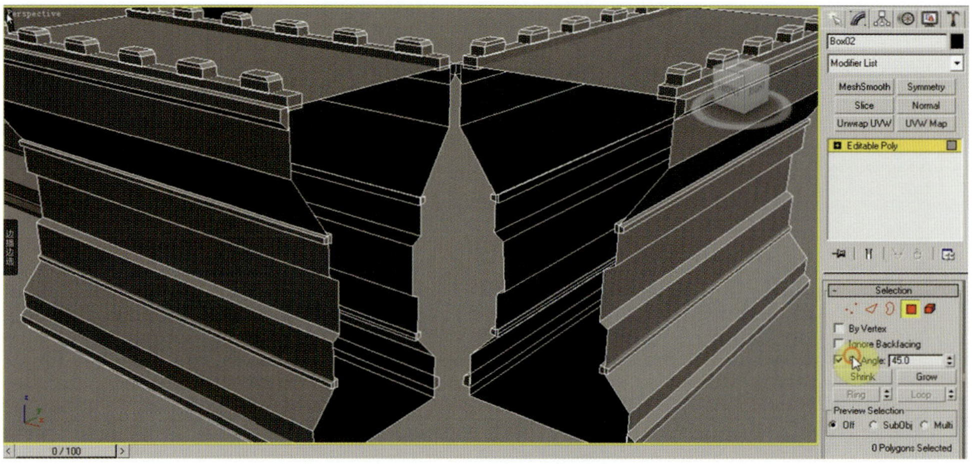

图 2–1–36　删除侧边的面

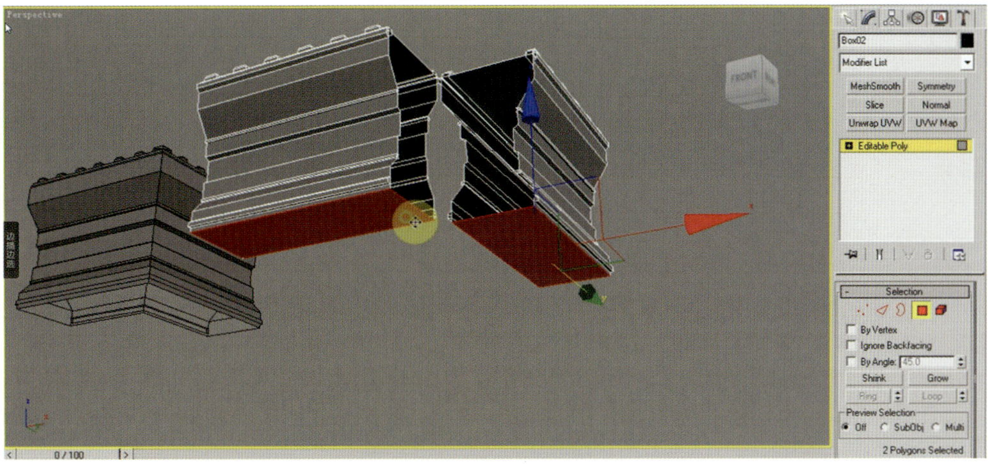

图 2–1–37 删除底面

选择其中一个城墙外面的轮廓线，右击角度锁定工具，在弹出的对话框中勾选“Use Axis Constraints”（见图 2–1–38）。打开三维捕捉功能，将选中的轮廓线沿 *x* 轴方向拖曳。同样，选择另一个城墙的一侧边线向 *y* 轴方向拖曳，按 1 键切换到点操作模式，将点与点进行对接，并框选所有对接的点后单击右键，选择 “Weld”（焊接）（见图 2–1–39），在弹出的对话框中将数值调节为 0.01 m，把点焊接起来（见图 2–1–40）。用同样的方法，将城墙内侧的点对齐并焊接在一起。这样，城墙模型部分就完成了。

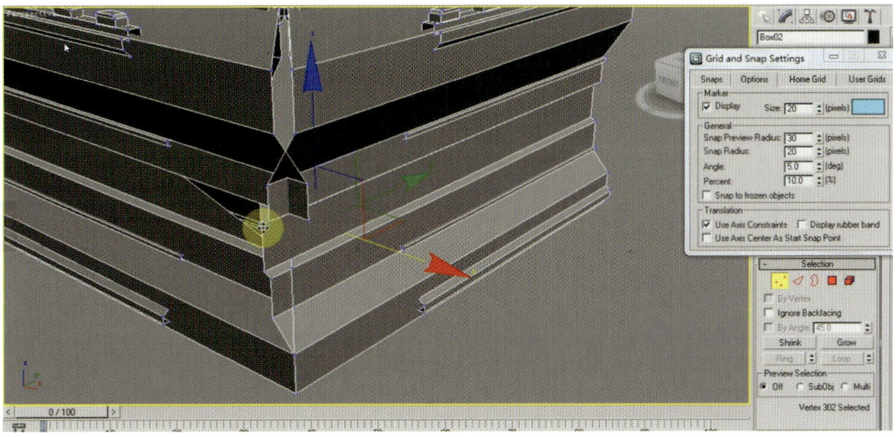

图 2–1–38 勾选“Use Axis Constraints”

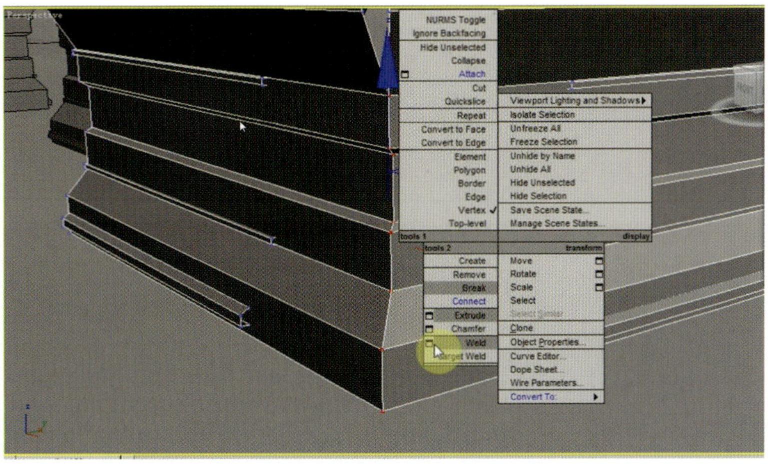

图 2–1–39 选择“Weld”

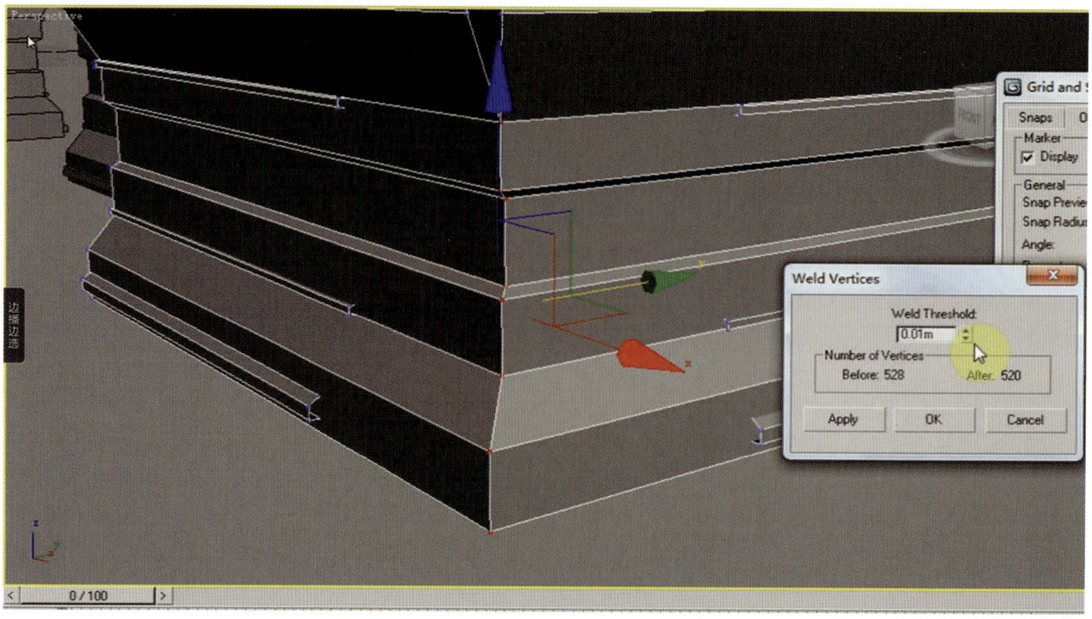

图 2-1-40　把点焊接起来

第二节　城墙 UV 拆分

（1）选择城墙模型，在修改面板中选择“Unwrap UVW”（展开 UVW）（见图 2-2-1），取消勾选面板中“Display”卷展栏下的“Show Seam”（显示接缝）和“Show Map Seam”（显示贴图接缝）（见图 2-2-2）。

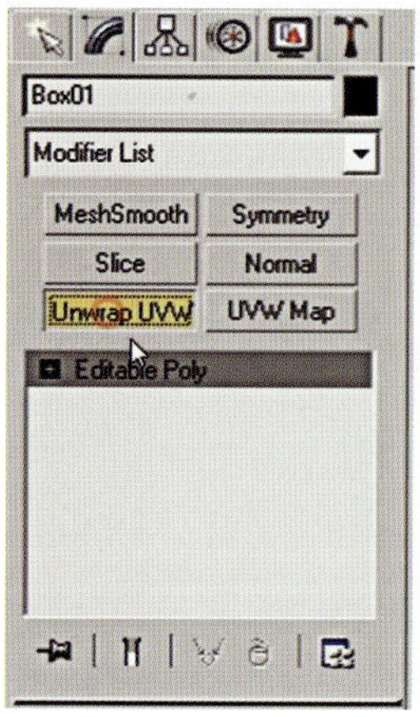

图 2-2-1　选择“Unwrap UVW”

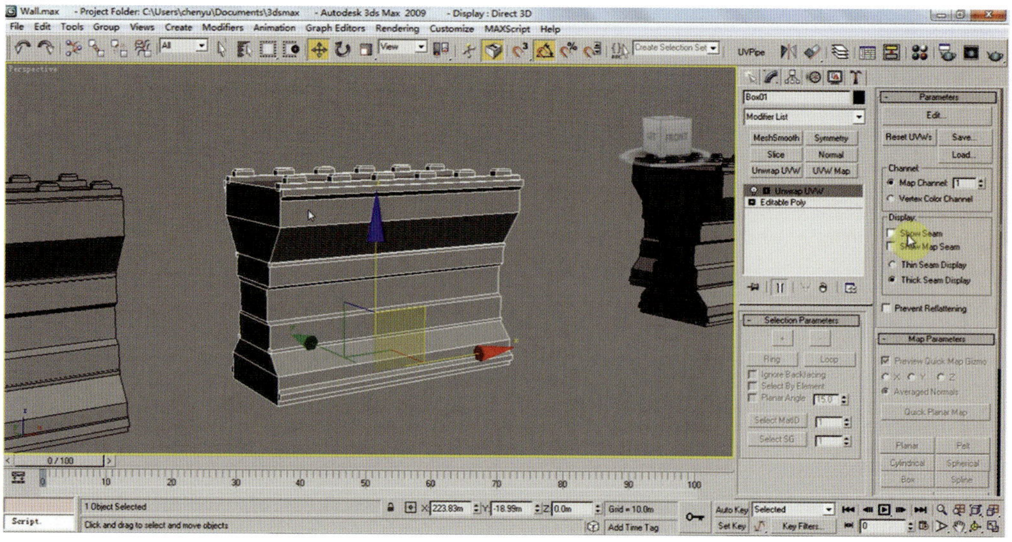

图 2-2-2　取消勾选“Show Seam”和“Show Map Seam”

单击修改面板中的“Edit”长按钮（见图 2-2-3），打开“Edit UVWs”操作视图，在视图中选择“CheckerPattern”（棋盘格模式）（见图 2-2-4），在透视图中的城墙物体呈现灰色棋盘格图案，在 UV 编辑视图中框选所有 UV 网格线，点选右侧面板中的“Quick Planar Map”（快速展平贴图）。这时，UV 编辑视图中的 UV 进行自动整合（见图 2-2-5）。

先将 UV 挪出有效方形区域，在透视图中选择城墙的侧面，再单击“Quick Planar Map”，计算机自动将选择面展平（见图 2-2-6）。

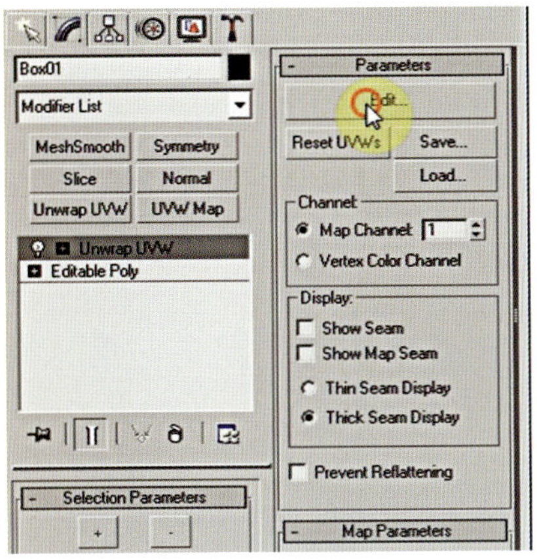

图 2-2-3　单击“Edit”长按钮

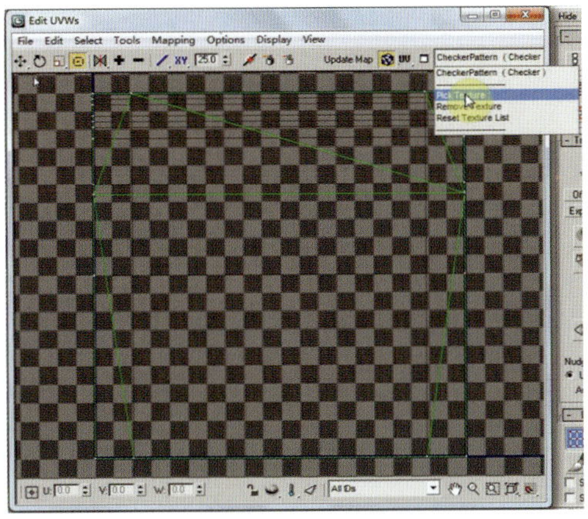

图 2-2-4　选择“CheckerPattern”

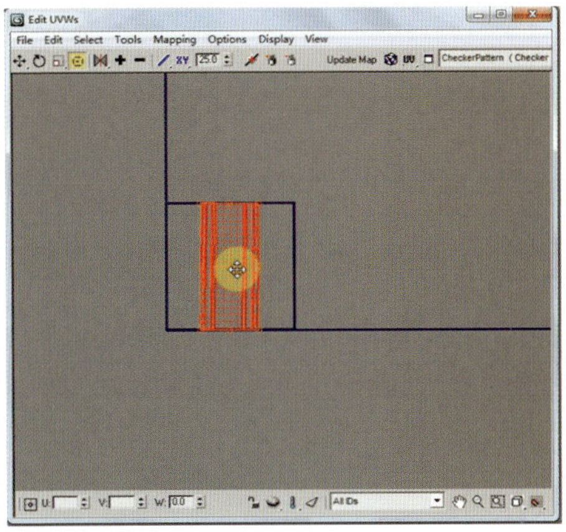

图 2-2-5　自动整合

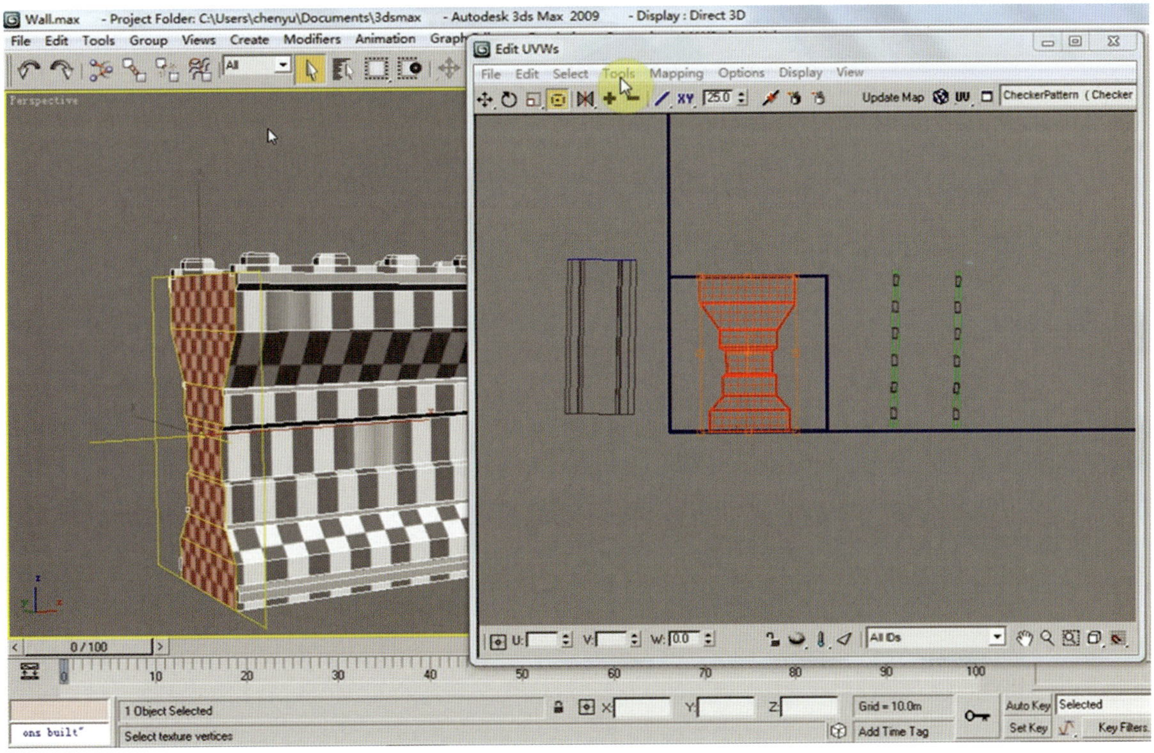

图 2-2-6　将选择面展平

在 UV 编辑视图上方的菜单中单击“Tools”（工具），选择“Relax”（松弛）。在弹出的对话框中选择“Relax By Face Angles”（按面的角度松弛），并将“Iterations”（循环）的值设为 1001，“Amount”设为 1.0，单击“Start Relax”（见图 2-2-7）。待展平后用同样的方法将另一侧的 UV 也展开，两个 UV 两边一样，可以将两个 UV 重合在一起。

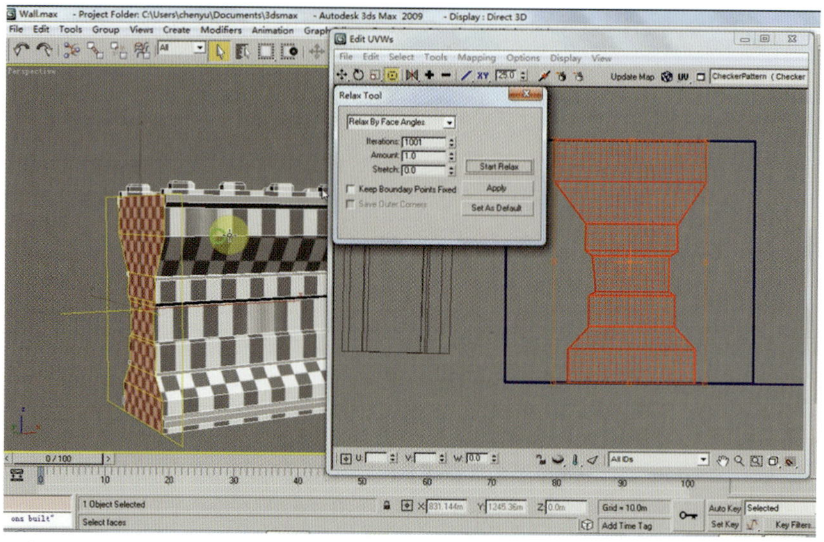

图 2-2-7 单击"Start Relax"

（2）选择城墙的正面、上面和背面，执行"Relax"操作，使其展开为一个平面（见图 2-2-8）。

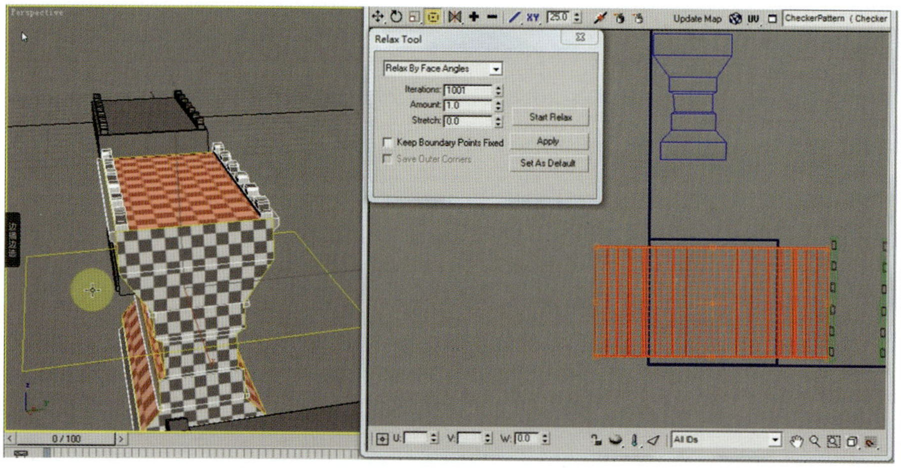

图 2-2-8 使城墙展开为一个平面

接下来展开城垛的 UV。在透视图中选择城垛下面的墙体部分，按 F4 键使线框显示，将墙体两头的竖线也显示出来（见图 2-2-9）。

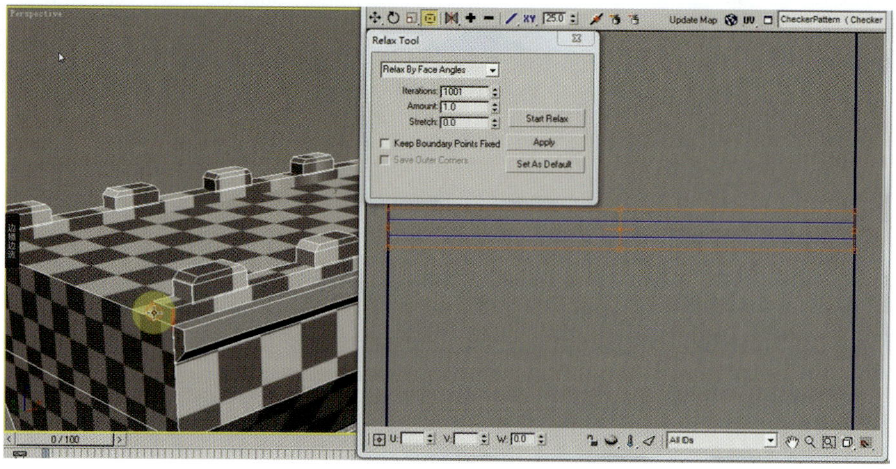

图 2-2-9 使墙体两头的竖线显示

单击右键（见图 2–2–10），选择“Break”（打断），将线断开，再次执行“Relax”操作将其展开（见图 2–2–11）。同样，选择城垛物体，单击“Quick Planar Map”，再在透视图中选择竖线，右键执行“Break”，将其断开，执行“Relax”将其展开。用同样的方法将包边物体展开。

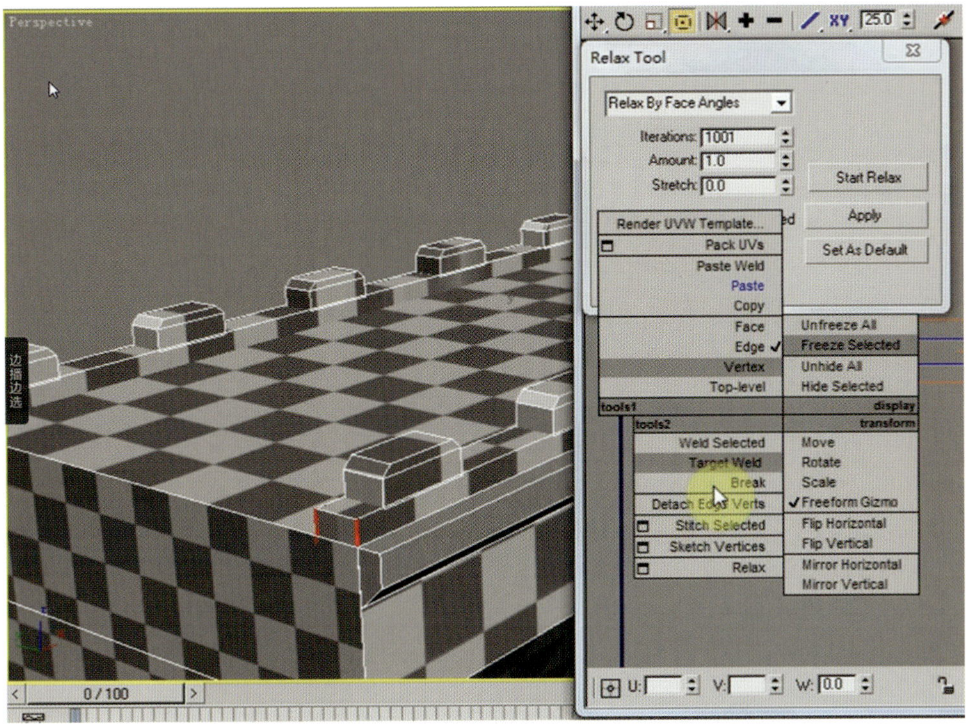

图 2–2–10　单击右键后的显示

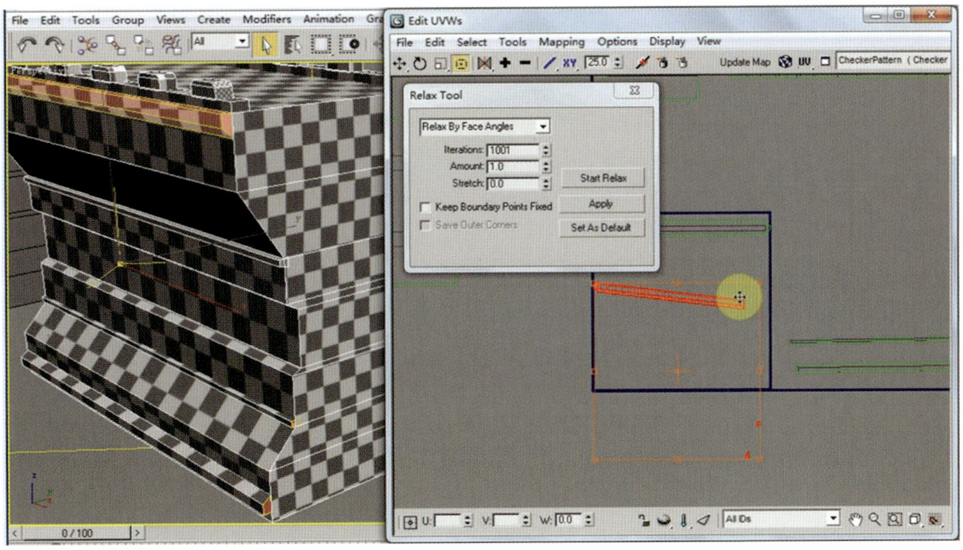

图 2–2–11　再次执行“Relax”操作

（3）选择城墙一侧凸出的三个造型（见图 2–2–12）。先选择其中一个，单击右侧面板上的“Quick Planar Map”，将其快速展平，重复上面的操作，选择边缘线，单击右键，选择“Break”将线断开（见图 2–2–13），或单击“Edit UVWs”面板上方的断开图标（见图 2–2–14）。依次将其他两个造型部分用相同的操作完成 UV 的展开（注意：在展开 UV 时有一些比较小的面，容易遗漏，要仔细进行检查）。这样，这一部分城墙模型的 UV 全部展平。

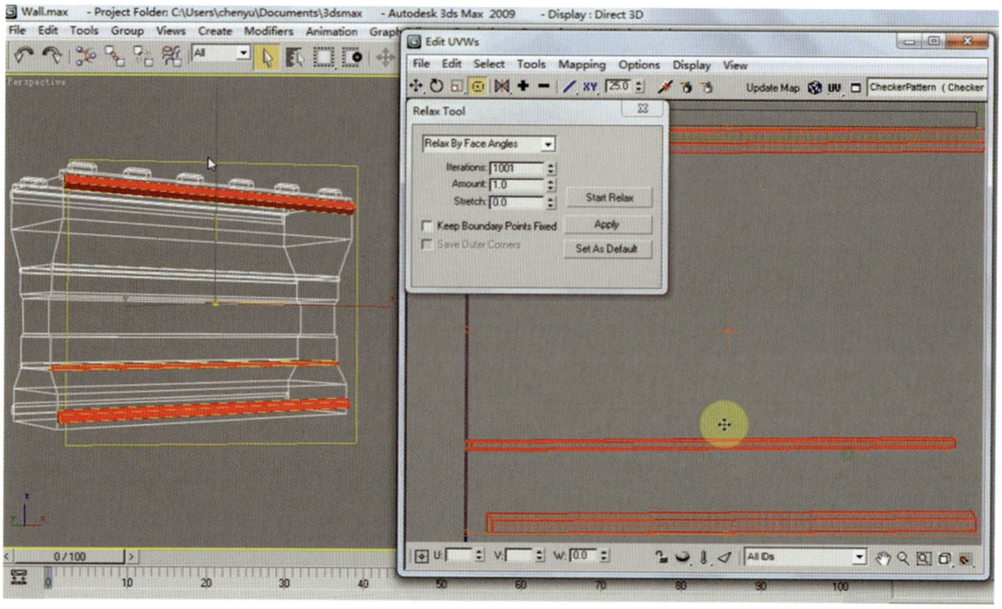

图 2-2-12 选择城墙一侧凸出的三个造型

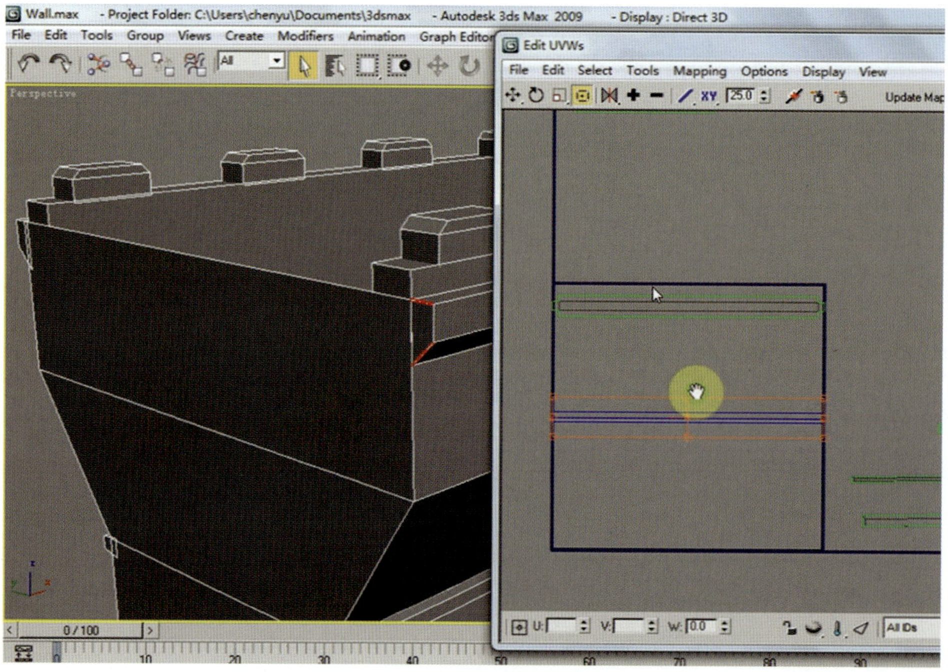

图 2-2-13 将线断开

图 2-2-14 断开图标

接下来，先关闭“Edit UVWs”面板，将鼠标移至右边黄色高亮显示的“Unwrap UVW”上，单击右键，选择“Collapse To”（塌陷到）（见图 2-2-15）。在弹出的警告栏中单击“Yes”结束塌陷（见图 2-2-16）。塌陷的目的是结束这一阶段的操作，以方便后面的修改操作。再单击修改面板中的“Unwrap UVW”命令，重新赋予模型 UV 展平操作命令，单击“Edit”长按钮，重新打开“Edit UVWs”操作视图，将展好的 UV 进行重合、缩放、对齐操作（注意：缩放时按 Ctrl 键等比例缩放）。

将绿色 UV 线框摆放到蓝色线框区域内（见图 2-2-17），并对照视图中模型上灰色的棋盘格，检查 UV 大小是否有过大的差别，差别过大将使后面贴图的清晰度不均匀。在摆放 UV 时要结合棋盘格的大小来适当缩放，以确保与棋盘格大小接近（见图 2-2-18）。

（4）在摆放 UV 时，尽量将不同的 UV 以最大面积进行摆放，以保证充分使用像素。将不同的 UV 贴紧（间隔不超过 3 个像素）并摆放整齐（见图 2–2–19），以使贴图减少色差或尽量统一色调。待 UV 摆放完成后，在视图中选择城墙模型并单击右键，选择“Convert To”的子命令“Convert to Editable Poly”。模型的建立和 UV 的展开操作结束。

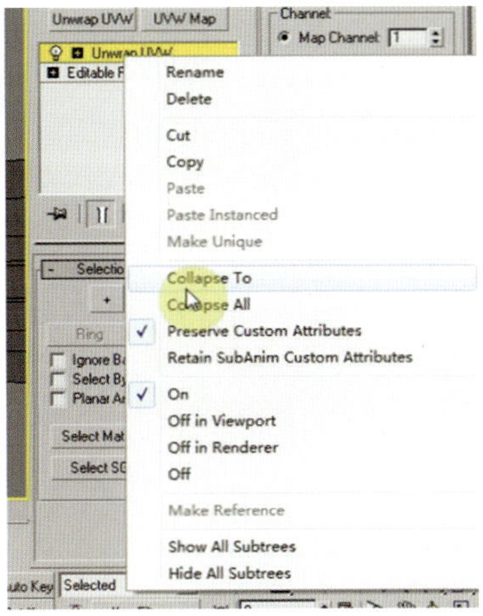

图 2–2–15　选择“Collapse To”

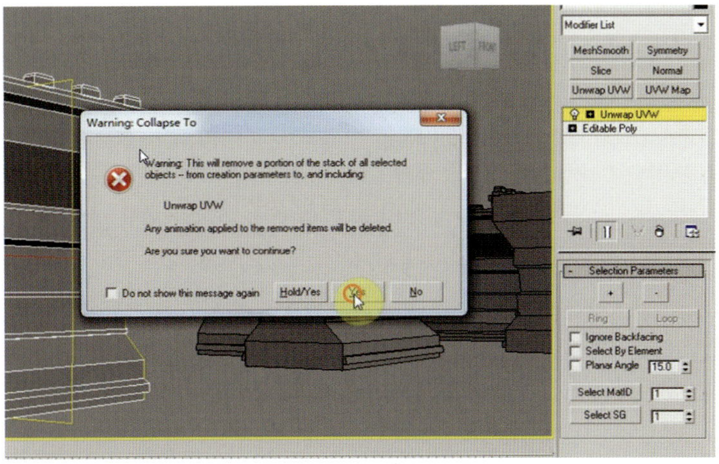

图 2–2–16　结束塌陷

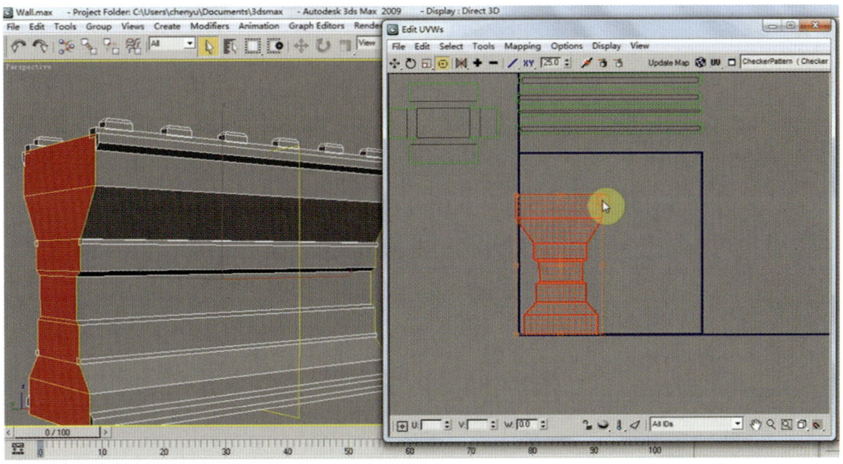

图 2–2–17　将绿色 UV 线框摆放到蓝色线框区域内

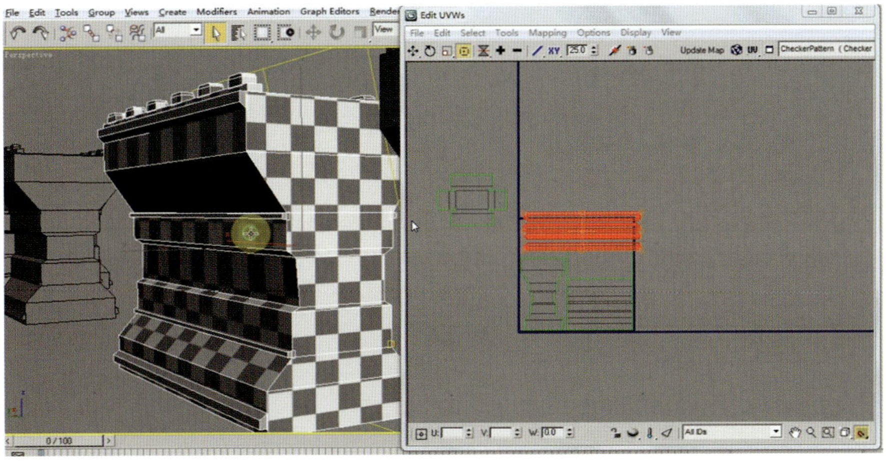

图 2–2–18　确保与棋盘格大小接近

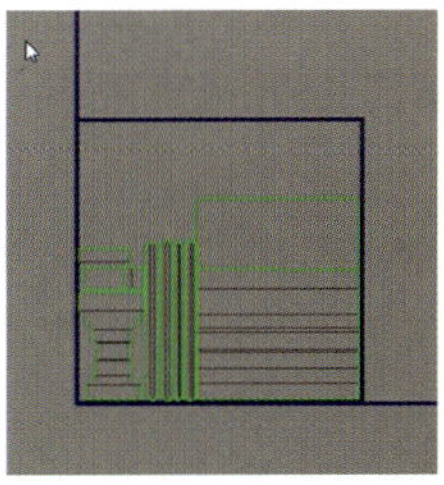

图 2–2–19　将不同 UV 贴紧并摆放整齐

第三节　贴图制作

（1）在 Photoshop 软件中，打开事先绘制好的一张城墙砖块的贴图（图片格式为 jpg），再打开两张准备好的叠加效果的图片（图片格式为 bmp）（见图 2–3–1），将打开的图片另存为 dds 格式（注意：在将贴图保存为 dds 格式时，要确保计算机中安装了 NVIDIA 插件）。这时，在弹出的对话框中选择“no alpha”（无通道）图片格式，单击保存（见图 2–3–2）。

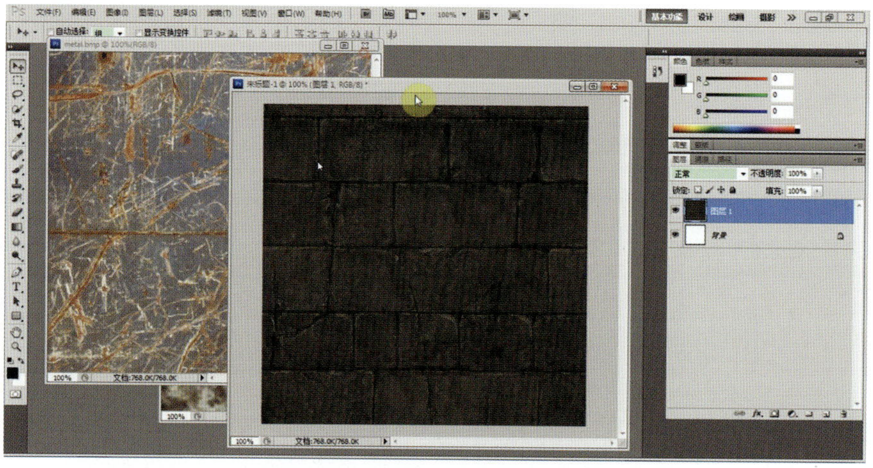

图 2–3–1　打开贴图

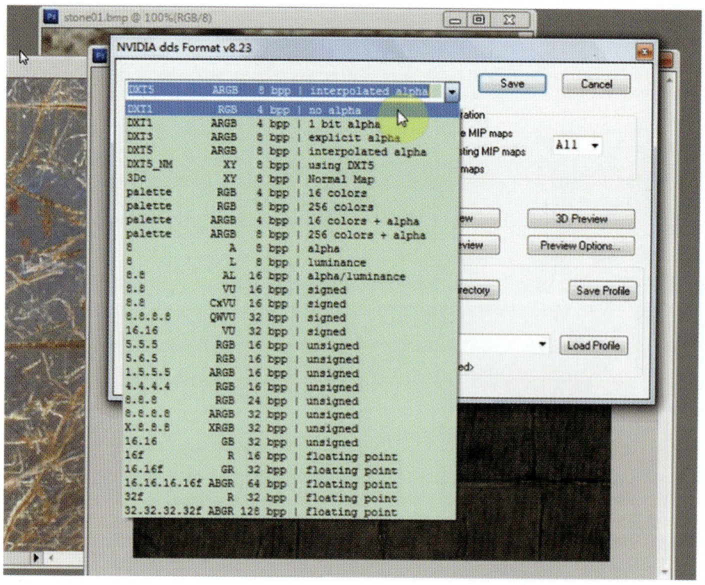

图 2–3–2　选择“no alpha”图片格式保存

切换到3ds Max软件中，打开材质编辑器，选择一个示例球，单击下方的“Maps”卷展栏，单击“Diffuse Color”后面的“None”长条（见图2–3–3），弹出材质/贴图浏览器对话框，选择“Bitmap”（位图）（见图2–3–4），找到刚才存的dds格式的砖墙贴图，并打开。贴图自动载入材质编辑器中，在视图中选择城墙模型，单击“赋予贴图”按钮（见图2–3–5）将贴图赋予模型。这时，贴图较大，并且位置也不对（见图2–3–6）。

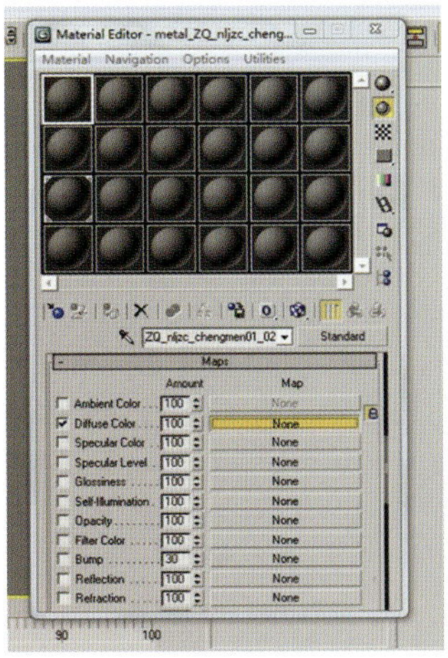

图2–3–3　单击“None”长条

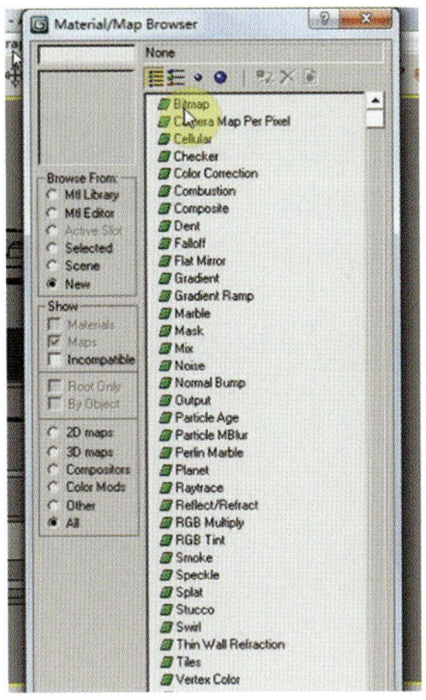

图2–3–4　选择“Bitmap”

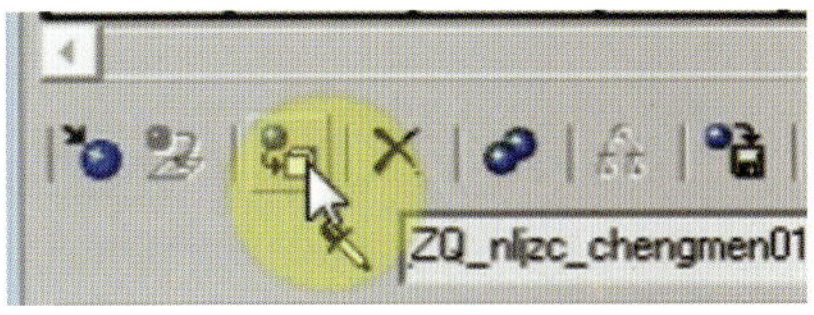

图2–3–5　“赋予贴图”按钮

图2–3–6　贴图较大且位置不对

（2）打开“Edit UVWs”对话框，单击上方的“在视图中显示贴图”按钮（见图2–3–7），使贴图显示出来，选择所有UV，单击右键，选择“Free from Gizmo”（自由变换），按Ctrl键等比例放大（这样是为了保证贴图不会变形）。

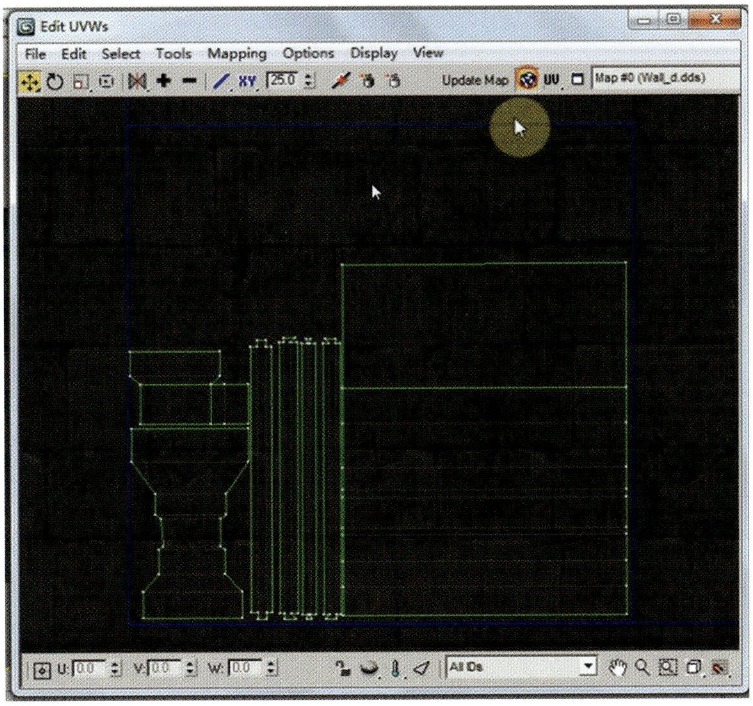

图2–3–7　单击“在视图中显示贴图”按钮

在视图中建立一个2 m高的长方形（见图2–3–8）模拟人的高度，作为调整贴图大小的参考。接下来对UV进行调整，在调整UV时主要是调整比例大小和转角接缝，使转角接缝对齐（见图2–3–9），具体的操作请扫描二维码下载观看。

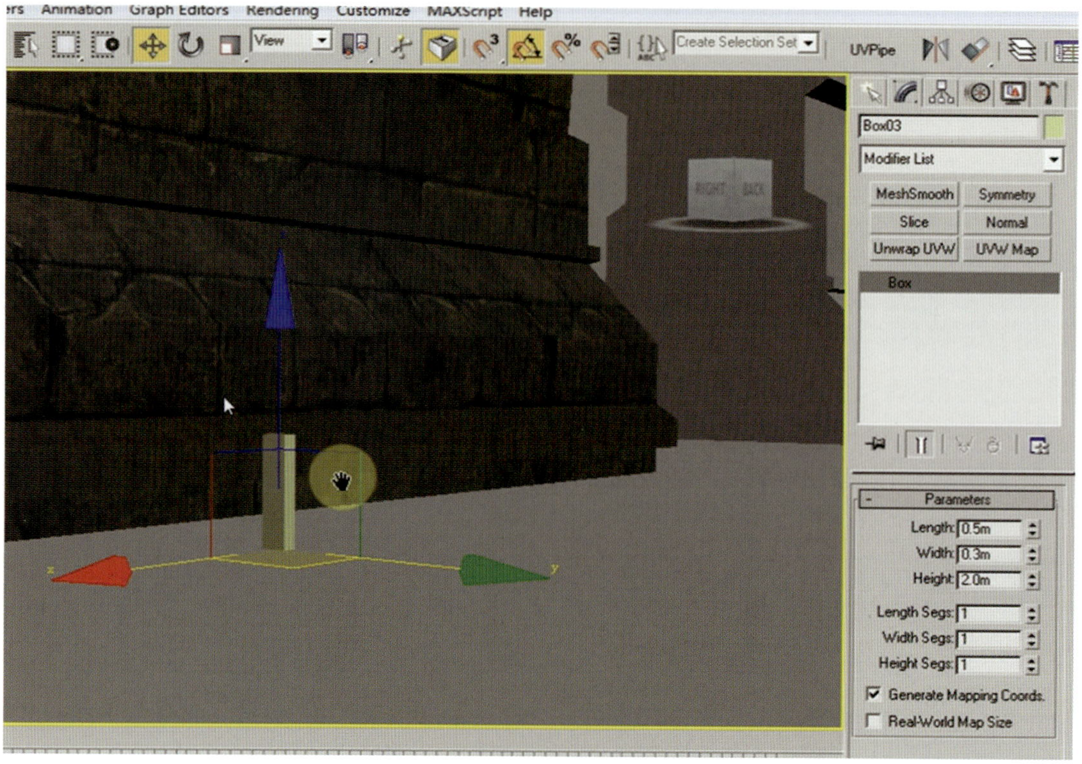

图 2-3-8　建立一个 2 m 高的长方形

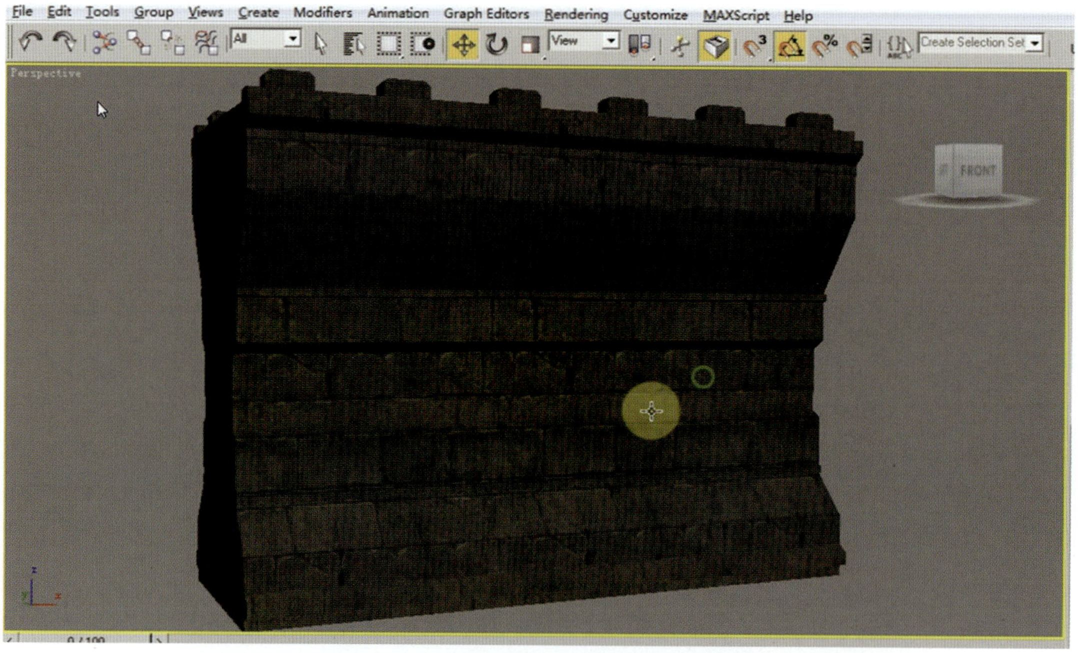

图 2-3-9　调整比例大小和对齐转角接缝

（3）待贴图在 3ds Max 中被调整好之后，打开 Photoshop 软件对贴图进行脏旧处理，以增强颜色上的变化感。在先前准备好的叠加图片中选择一张拖曳到城墙贴图上，选择图层模式为颜色模式（见图 2-3-10），为了得到更好的融合效果，将图层模式的不透明度改为 21%（见图 2-3-11）。选择另外一张叠加图片并拖曳至城墙图片上，同样将图层模式改为颜色模式，将不透明度改为 62%。这样，原来的城墙砖就有了较为丰富的色彩变化。

图 2–3–10　颜色模式

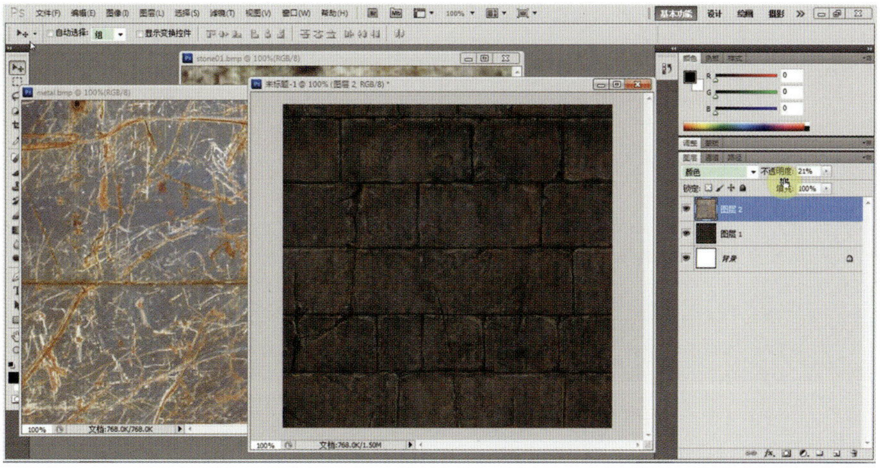

图 2–3–11　将不透明度改为 21%

为了增强贴图的色彩真实性，还要对贴图进一步增加一些细节。新建一个图层（见图 2–3–12），选择画笔工具并选择一个合适的笔刷，将前景色设为“R=79，G=176，B=229”的蓝色，图层模式为颜色模式，在贴图上横向涂刷，并将不透明度改为 20%（见图 2–3–13）。保存到相同路径（以便于 3ds Max 识别）（见图 2–3–14）。

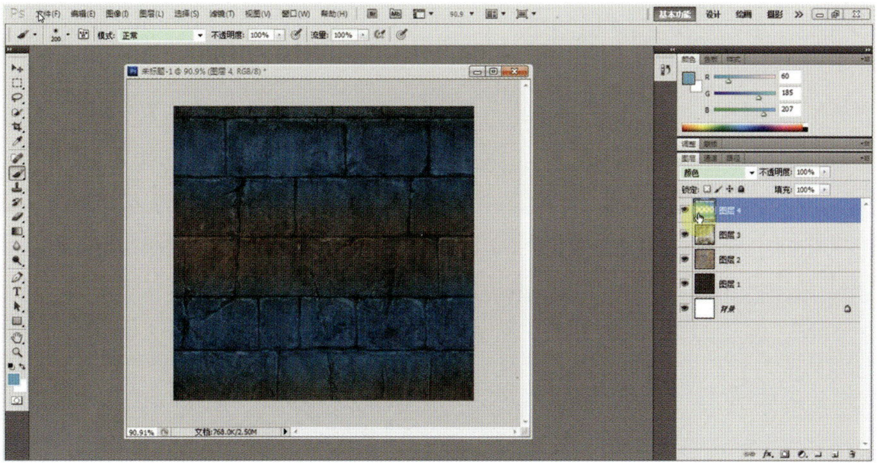

图 2–3–12　新建一个图层

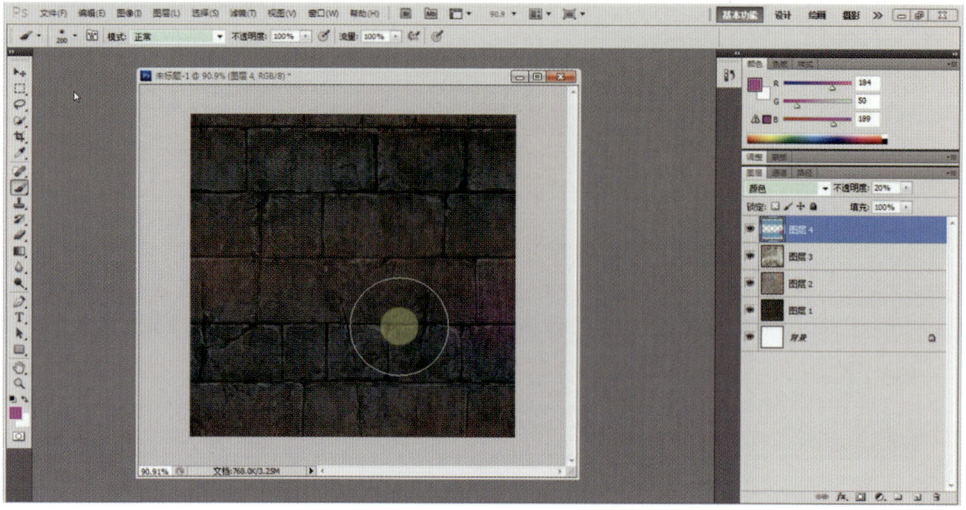

图 2-3-13　将不透明度改为 20%

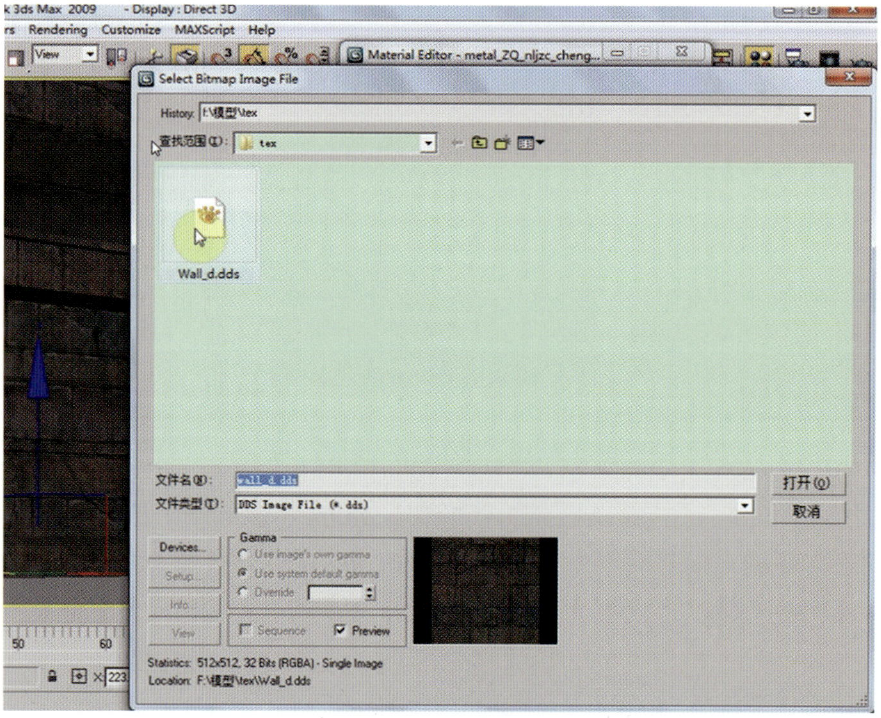

图 2-3-14　保存到相同路径

（4）回到 3ds Max 中，打开材质编辑器将保存的贴图载入示例球。这时，视图中的贴图已经发生了变化（见图 2-3-15）。也可以不断地在 Photoshop 中调整贴图色彩并存储来达到想要的效果。

（5）制作法线贴图。为了快捷方便，可使用一款 CrazyBump 专业法线贴图转换软件来制作法线贴图，并在网上下载及安装 Photoshop 滤镜插件——NVIDIA Normal Map Filter 来进行法线贴图的转换。在 CrazyBump 软件中打开 dds 格式的贴图文件（见图 2-3-16）。

CrazyBump 会生成两张灰度图（见图 2-3-17），单击右边灰度图，CrazyBump 自动将灰度图转换为法线贴图（见图 2-3-18），调整界面左侧的“Fine Detail”（微小细节）、“Medium Detail”（中等细节）、“Large Detail”（大细节）数值来调整法线贴图的细节（见图 2-3-19）。细节调整完毕后，将法线贴图进行复制，打开 Photoshop 把法线贴图粘贴到图层中（见图 2-3-20），另存为一张 dds 格式的贴图文件。

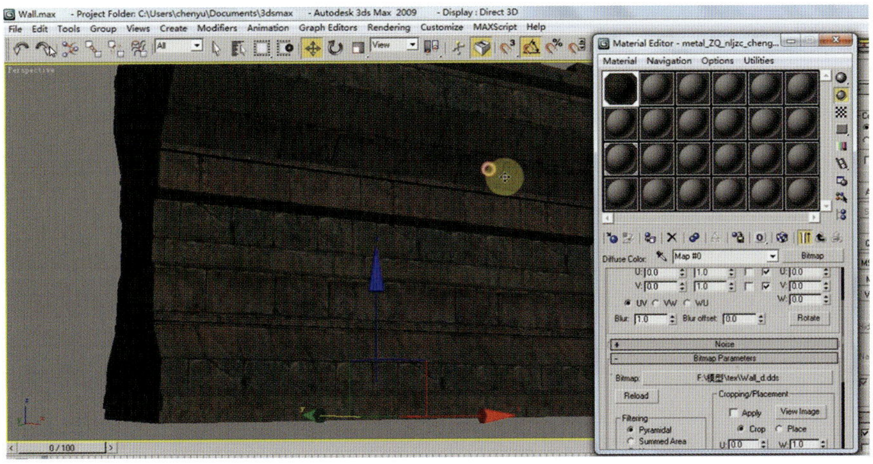

图 2-3-15　视图中的贴图发生变化

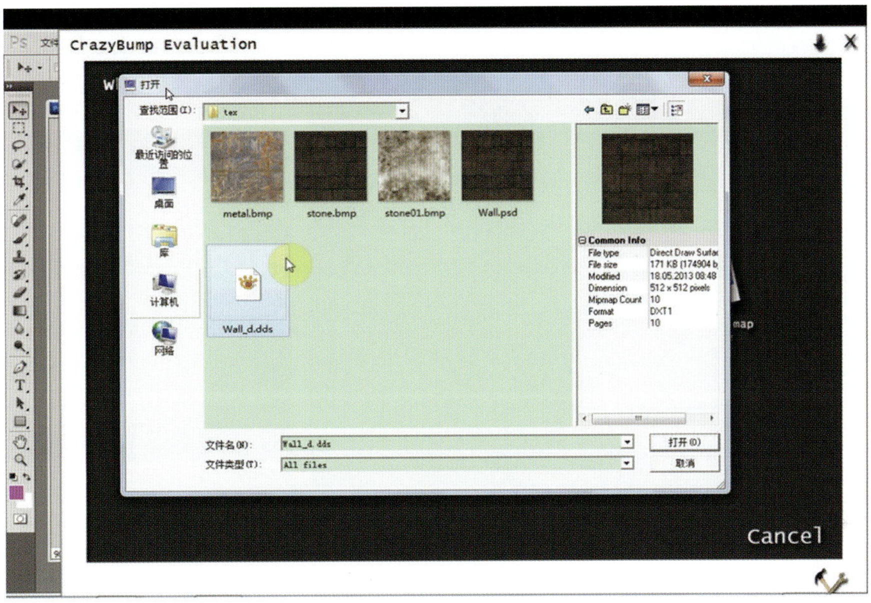

图 2-3-16　在 CrazyBump 中打开贴图文件

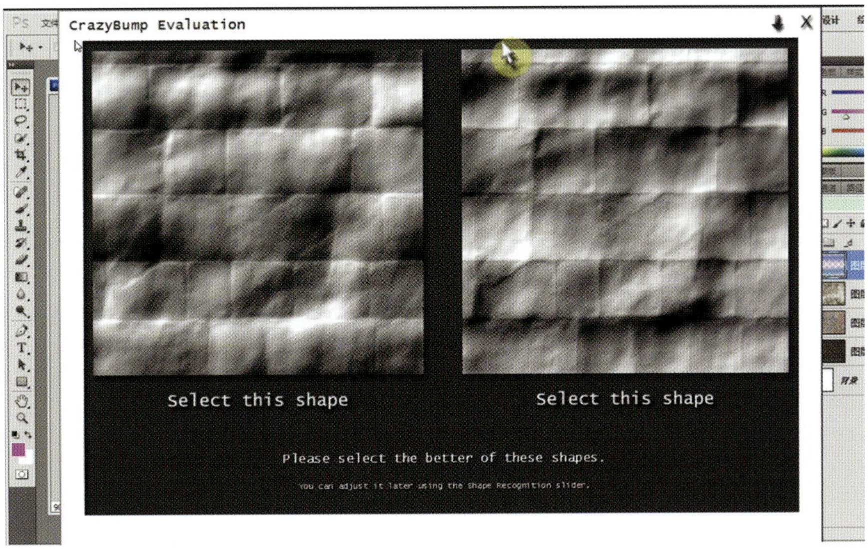

图 2-3-17　两张灰度图

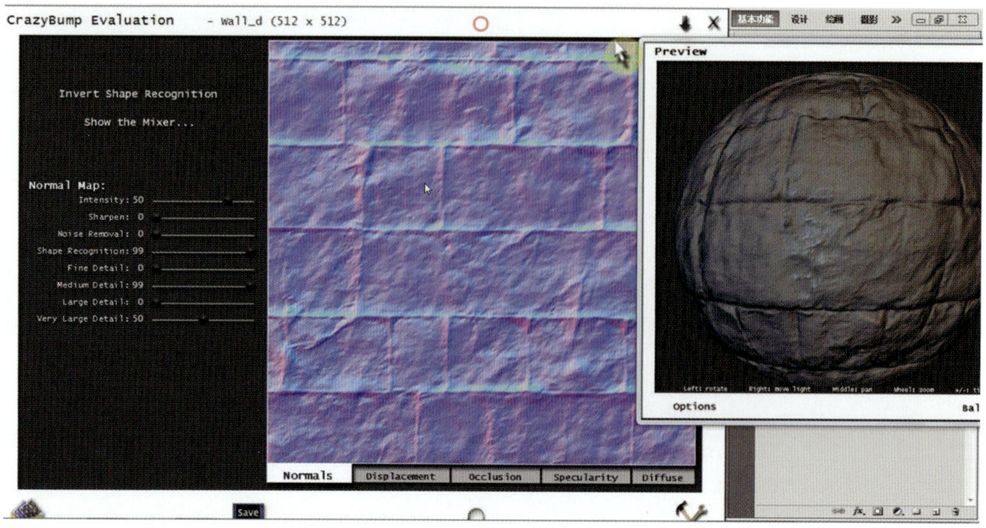

图 2-3-18　将灰度图转换为法线贴图

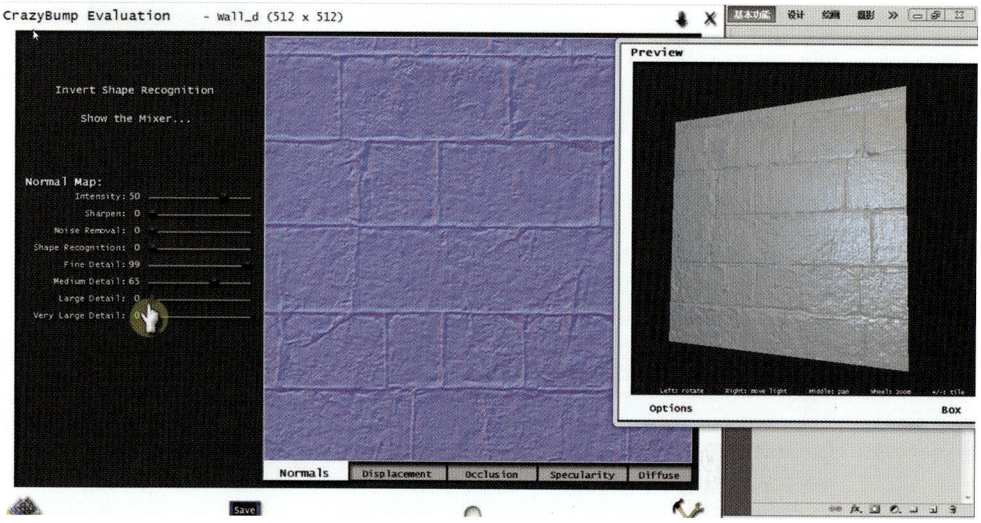

图 2-3-19　调整法线贴图细节

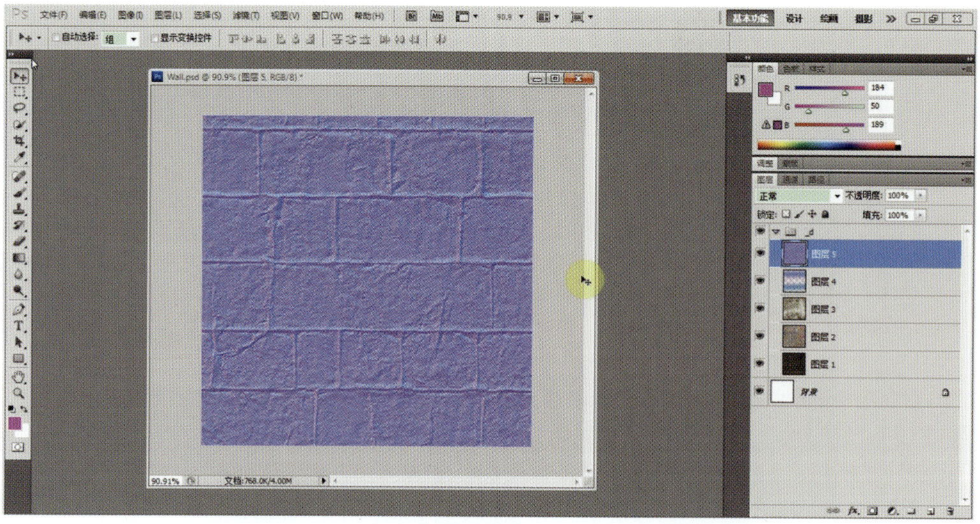

图 2-3-20　将法线贴图粘贴到 Photoshop 图层中

（6）打开 3ds Max 软件，再打开材质编辑器，选择第一个已设置“Diffuse Color”贴图的示例球，打开下方的“Maps”卷展栏，勾选“Bump”（凹凸贴图），单击后面的“None”长条将先前保存的法线贴图载入“Bump”贴图通道（见图 2–3–21），这时，在视图中看到的效果并不明显（因为法线贴图是在引擎中才能完全显现出来的）。

（7）制作高光贴图。先打开 Photoshop，选择图层，单击图层面板下方的色彩调整按钮，在出现的选择项（见图 2–3–22）中选择“色阶”命令，分别拖动“色阶”对话框中左边的黑色块向右和右边的白色块向左，使贴图暗下来（见图 2–3–23）。

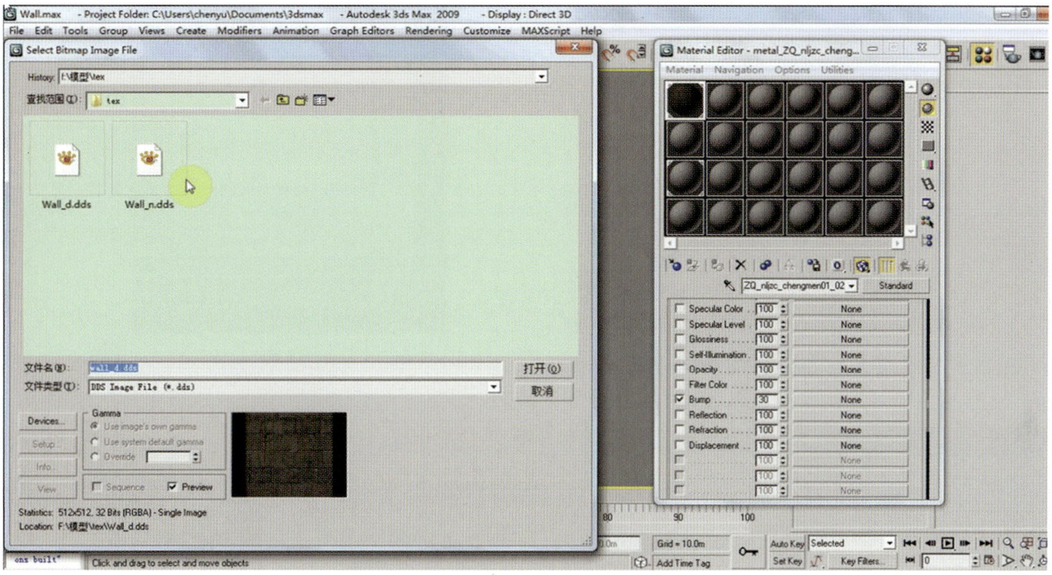

图 2–3–21　将先前保存的法线贴图载入“Bump”贴图通道

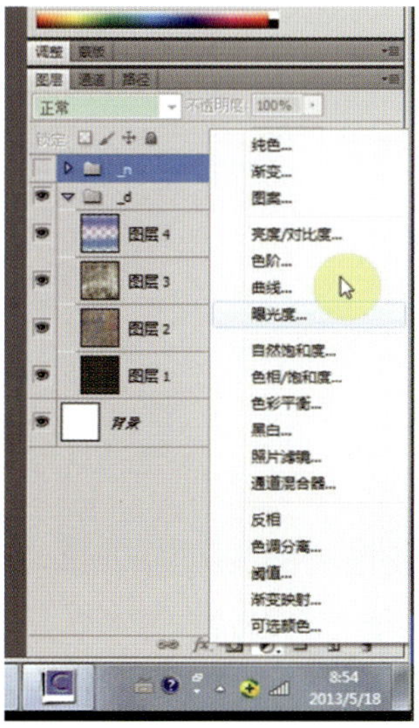

图 2–3–22　单击色彩调整按钮后出现的选择项

图 2–3–23　调整色阶使贴图暗下来

单击图层面板下方的色彩调整按钮，选择“曲线”命令（见图 2–3–24），将“曲线”对话框中的曲线调整成 S 形（见图 2–3–25），使贴图更加暗。继续单击色彩调整按钮，选择“色相 / 饱和度”命令（“色相 / 饱和度”对话框如图 2–3–26 所示），分别拖动色相、饱和度、明度的滑块（见图 2–3–27），使贴图中较亮的部分呈现亮暖色。再在单击色彩调整按钮后出现的选项中选择“曝光度”命令（“曝光度”对话框如图

2-3-28 所示），分别调整曝光度、位移数值使贴图高光部分更明显，将调整后的贴图另存为一张 dds 格式的高光贴图。

图 2-3-24　选择“曲线”命令

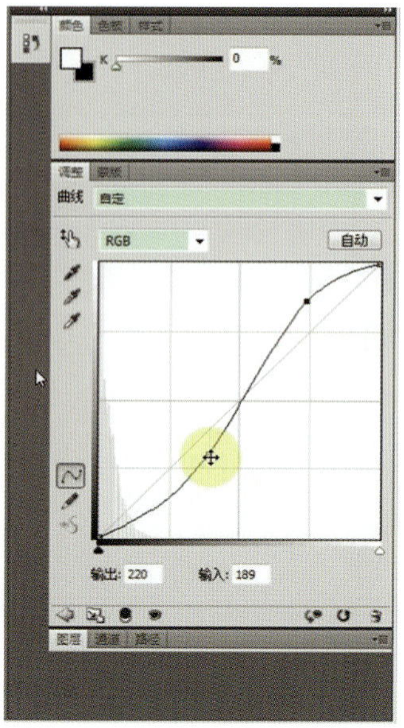

图 2-3-25　调整成 S 形

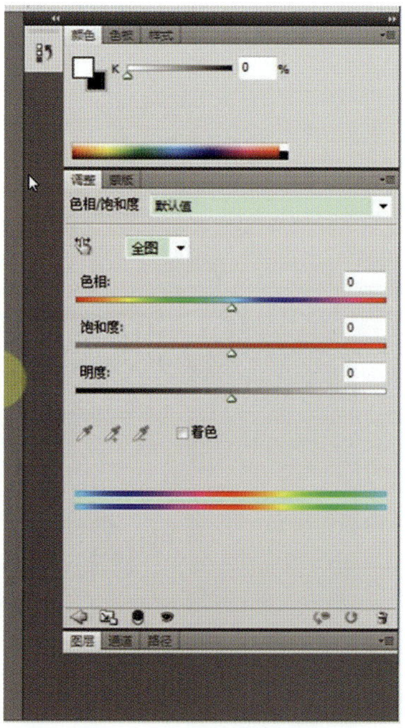

图 2-3-26　“色相 / 饱和度”对话框

图 2-3-27　调整色相、饱和度和明度

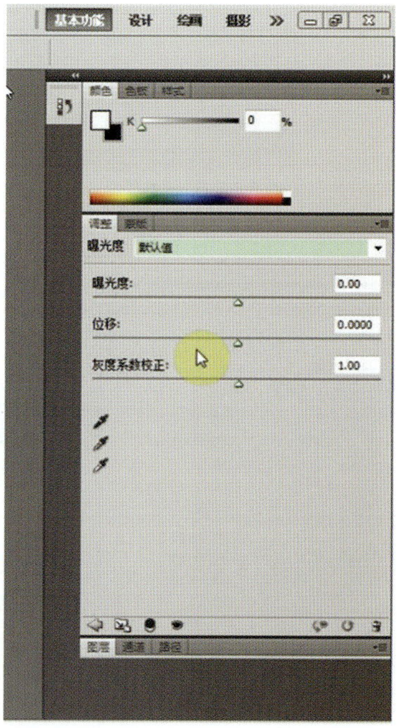

图 2-3-28　“曝光度”对话框

（8）打开 3ds Max 软件，再打开材质编辑器，在“Maps”卷展栏勾选“Specular Color”（高光颜色）并载入高光贴图，高光贴图对场景模型产生了作用，但效果不是太明显，因为高光贴图和法线贴图一样，也是在引擎编辑器中才能完全显现出来。

3

3ds Max Youxi Changjing Zhizuo

第三章

提 高 篇

第一节　风车简模制作

（1）打开一张风车的原画图片（见图 3–1–1），将这张图片作为模型制作的参考。

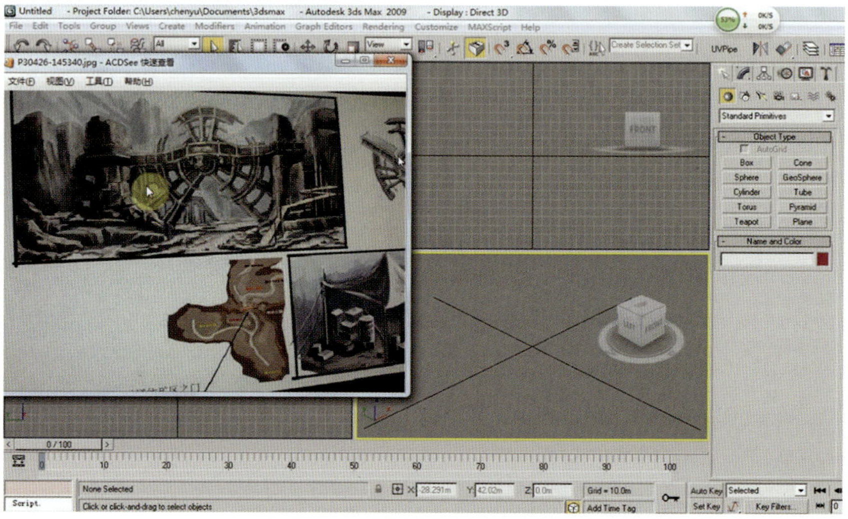

图 3–1–1　打开风车的原画图片

打开 3ds Max，选择菜单“Customize”（订制）下的“Units Setup”（单位设置）（见图 3–1–2），确保单位均已被设为“Meters”（米）。

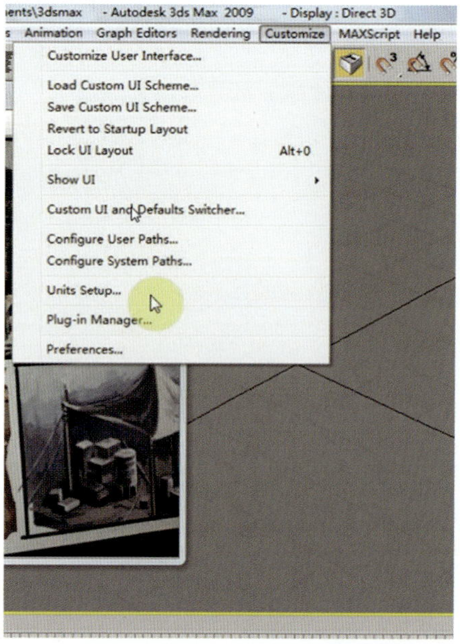

图 3–1–2　选择单位设置

选择创建“Box”几何图形，在顶视图中拖拉出一个盒子（见图 3–1–3），按 P 键切换到透视图，将创建的盒子尺寸修改为：“Height”为 3.0 m；“Width”为 10.0 m；“Length”为 30.0 m（见图 3–1–4）。这样，就在视图中建立了一个长 30.0 m、宽 10.0 m、高 3.0 m 的方形物体，将方形物体转换为多边形物体，按 F4 键使物体的边线显示出来以方便观察。

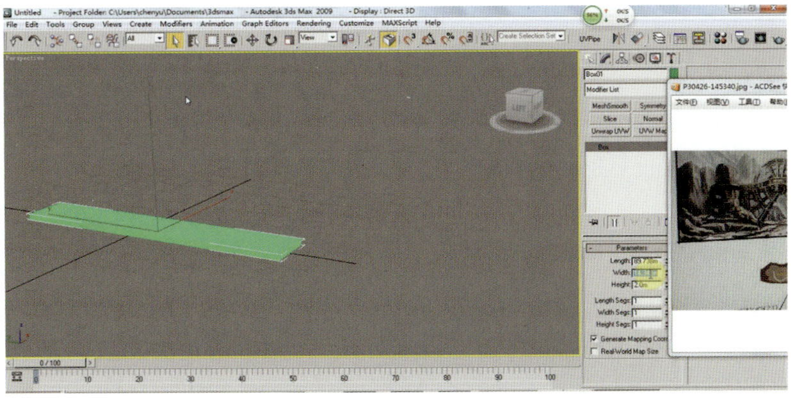

图 3–1–3　拖拉出一个盒子

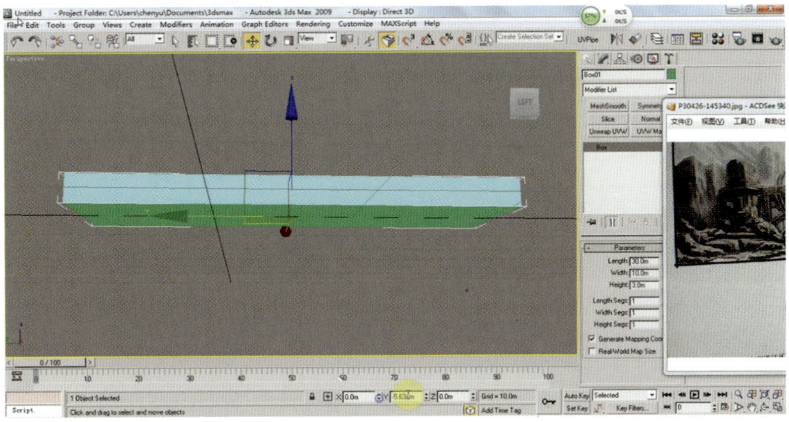

图 3–1–4　修改盒子的长、宽、高尺寸

选择创建“Cylinder”（圆柱体），在左视图中建立圆柱体（见图 3–1–5），圆柱体中的圆的边线为默认的 18 段(在游戏模型的制作中要保证边线为双数,避免单数边线,这样模型在导入到引擎中时不容易出现错误)，按 P 键切换为透视图（见图 3–1–6）。

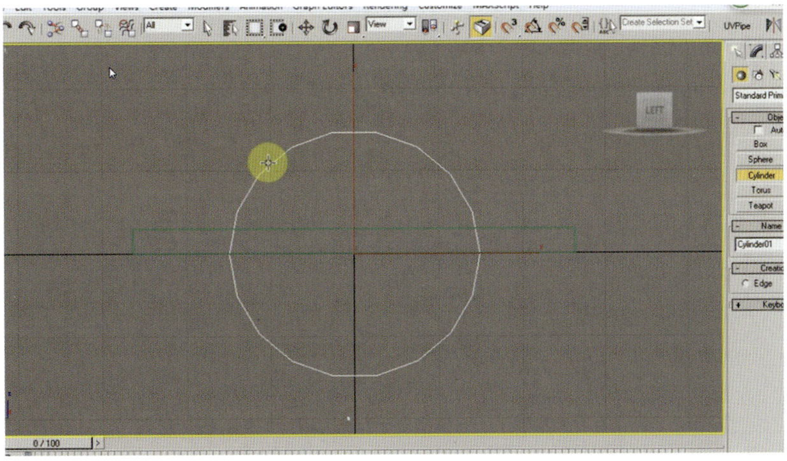

图 3–1–5　建立圆柱体

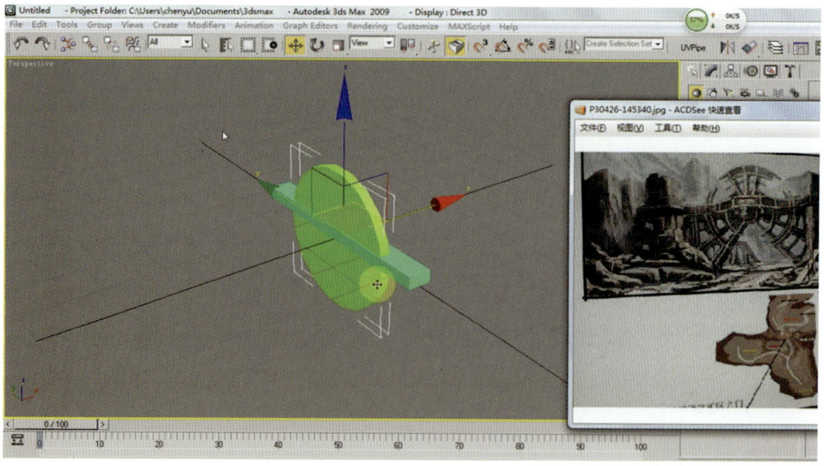

图 3-1-6　圆柱体透视图

单击工具栏上的三维吸附工具，弹出对话框（见图 3-1-7），在对话框中点选“Options”（选项）（见图 3-1-8），并勾选下方的“Use Axis Constraints”（使用轴向约束），按 2 键切换到线操作模式，点选圆柱体并拖曳，按轴向进行对齐。将视图中的两个物体进行全选，单击右方的系统按钮（见图 3-1-9），再单击下方的“Reset XForm”（重置变换）（见图 3-1-10），单击下方的“Reset Selected”（重设选择）来定位物体的坐标，使之和物体摆放方向一致，然后，单击右键选择“Convert To”的子菜单“Convert to Editable Poly”（转换为可编辑的多边形），这样，进行物体旋转操作时坐标会实时地与物体保持一致。

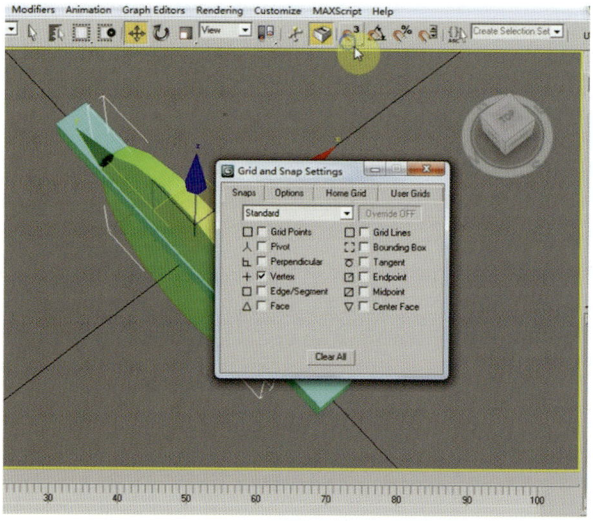

图 3-1-7　三维吸附工具对话框

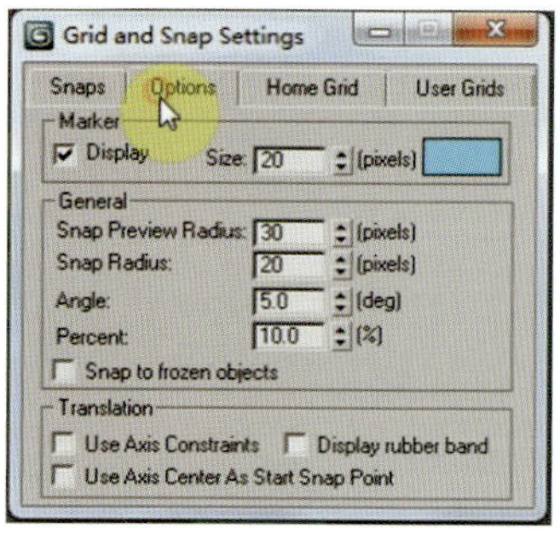

图 3-1-8　点选“Options”

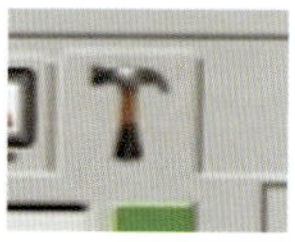

图 3-1-9　系统按钮

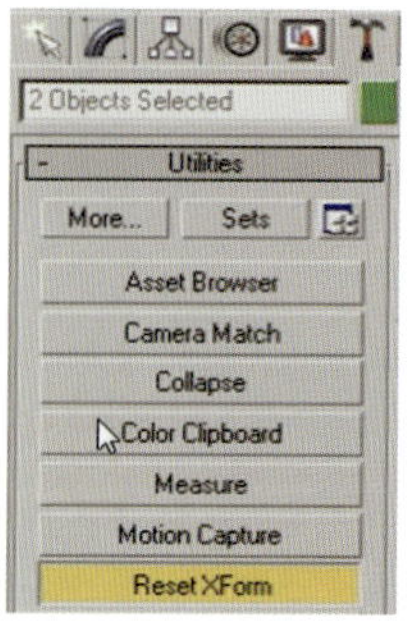

图 3-1-10　单击“Reset XForm”

（2）按 2 键，进入线段编辑层级（线操作模式），在顶视图中选择物体的横向边线（见图 3–1–11），然后单击编辑面板下方的“Connect”（连接）按钮，在盒子中间连接出一条中线，再将中线两边的部分都选中，执行“Connect”（连接）命令，又建立了两条中线，选择中间部分（见图 3–1–12），沿 E 键切换为缩放工具，沿 x 轴向内挤压，调到合适大小（见图 3–1–13）后放开鼠标。按 T 键切换为顶视图，再按 1 键进入点编辑层级（点操作模式），选择中间的点（见图 3–1–14）。

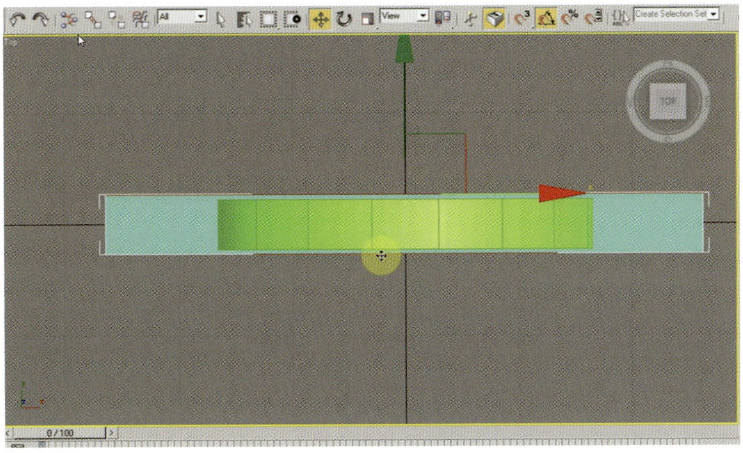

图 3–1–11　选择物体的横向边线

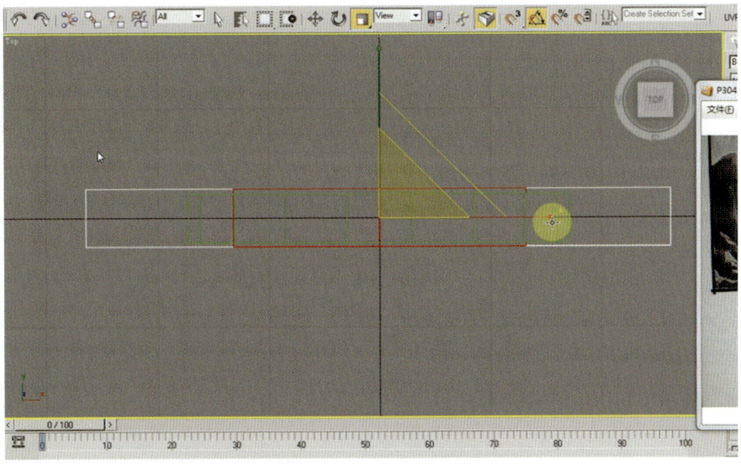

图 3–1–12　选择中间部分中线

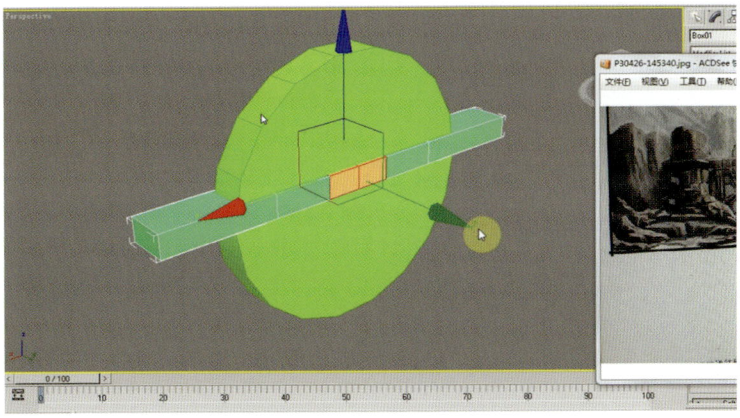

图 3–1–13　调到合适大小

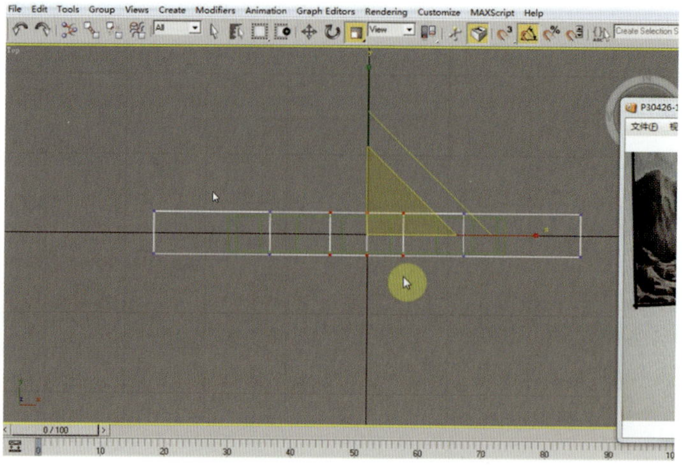

图 3-1-14　选择中间的点

按 E 键选择缩放工具，沿 y 轴拖拉成如图 3-1-15 所示的形状。

选中圆柱体，按 4 键，进入面操作层级，将圆柱的两边选中，单击右键，选择“Inset”（插入）命令，在弹出的对话框中将“Inset Amount”（插入数值）修改为 2.5 m。模型向圆柱内部收缩，按“Delete”键将黄色高亮显示部分（见图 3-1-16）删除。

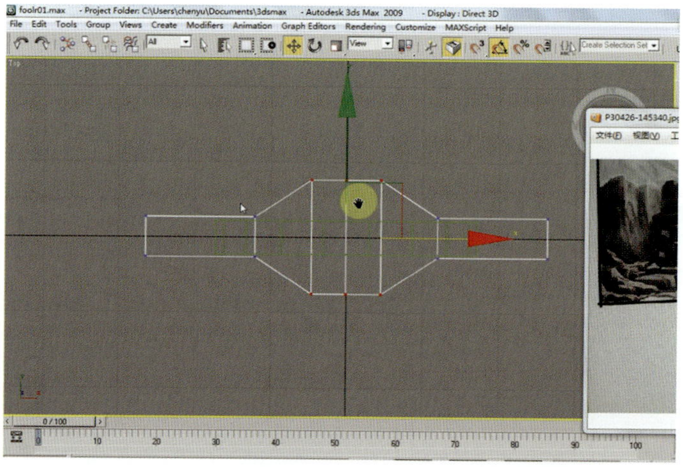

图 3-1-15　选择缩放工具，沿 y 轴拖拉成的形状

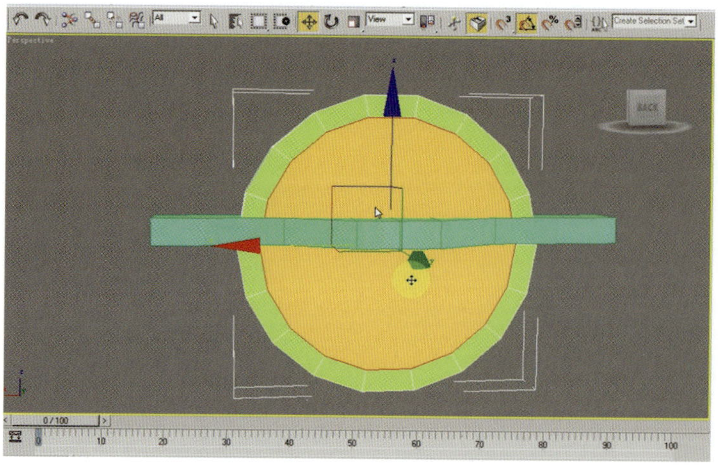

图 3-1-16　黄色高亮显示部分

按 3 键切换到边缘层级操作模式，单击其中一段圆形边，并选择移动工具，向另一个圆环上对应的边拖曳，和另一边的边线基本重合（见图 3–1–17），按 1 键切换到点层级操作模式（见图 3–1–18），单击右键，选择 “Convert to Vertex” （转换到顶点），再单击右键，选择 “Weld” （焊接）命令对点进行焊接。

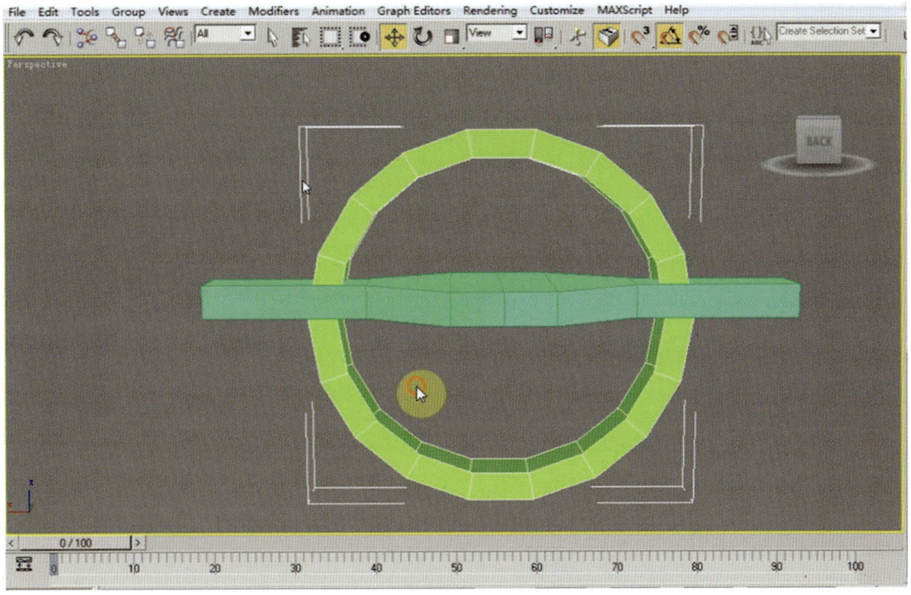

图 3–1–17　和另一边的边线基本重合

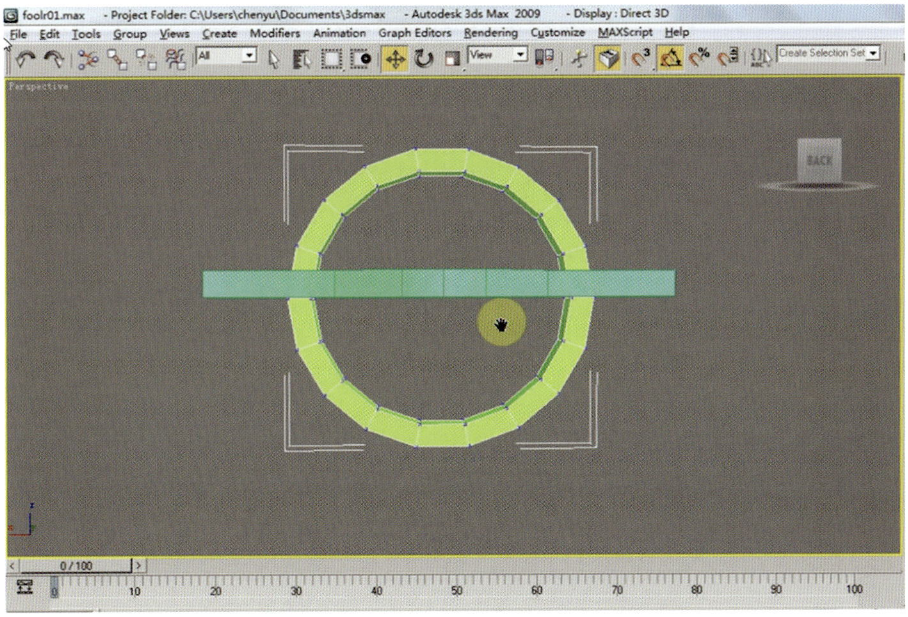

图 3–1–18　切换到点层级操作模式

按 4 键切换到面层级操作模式，选择缩放工具，按 Shift 键向内拖曳，复制出一个新的圆环（见图 3–1–19），再按 1 键切换到点层级操作模式，选择新的（内部）圆环上的点，如图 3–1–20 所示，利用缩放工具将圆环拖曳到一定程度后放开鼠标。

（3）选择外面的大圆环，按 2 键切换到线段层级，点选其中一个线段，单击修改面板中的 “Ring”（环形），将和被选中线段相邻的线段都选中（见图 3–1–21），同样，圆环另一个圆上的线段也进行相同的操作（注意：在进行多项选择时，按住 Ctrl 键再进行选择是加选）。单击右键，执行 “Connect” （连接）命令，在选择的线段中增加 2 条环形线（见图 3-1-22）。

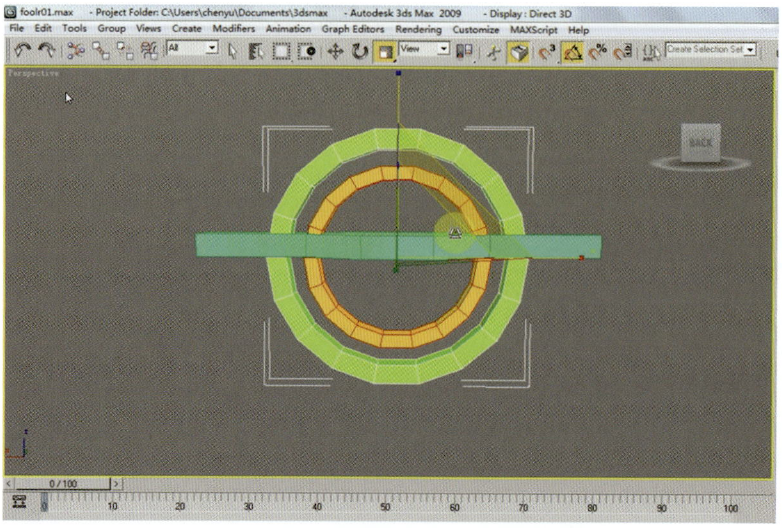

图 3-1-19　复制出一个新的圆环

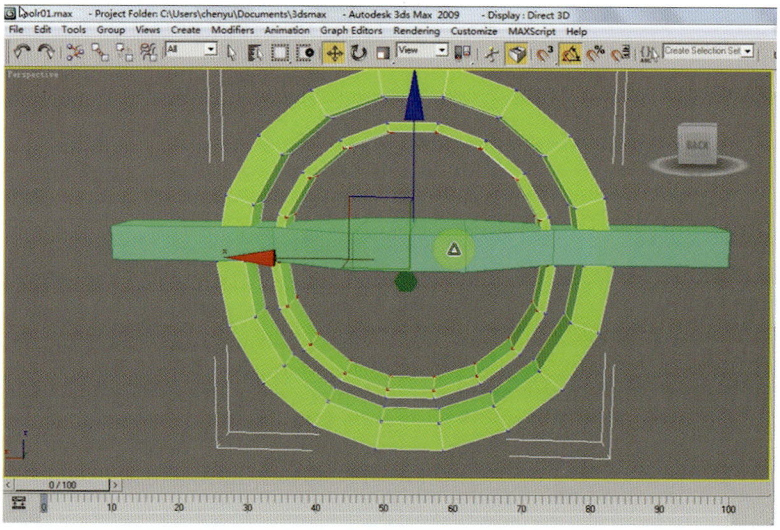

图 3-1-20　选择新的圆环上的点

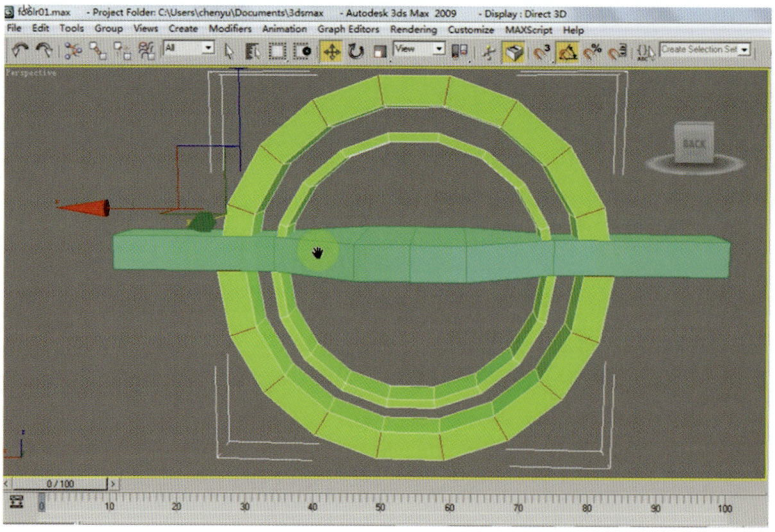

图 3-1-21　选择与某一被选中线段相邻的线段

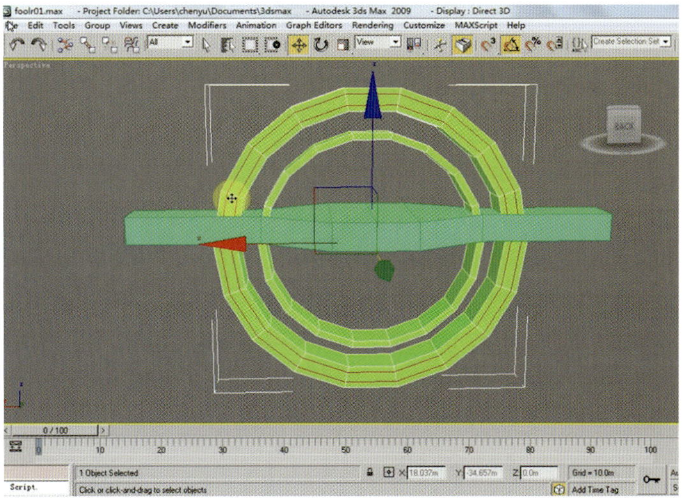

图 3–1–22 增加 2 条环形线

选择纵向线段，单击“Ring”（环形），将所有相邻线段选中，单击右键，选择“Convert to Face”（转换到面）（见图 3–1–23），将选择区域转换为面选择状态（见图 3–1–24）。

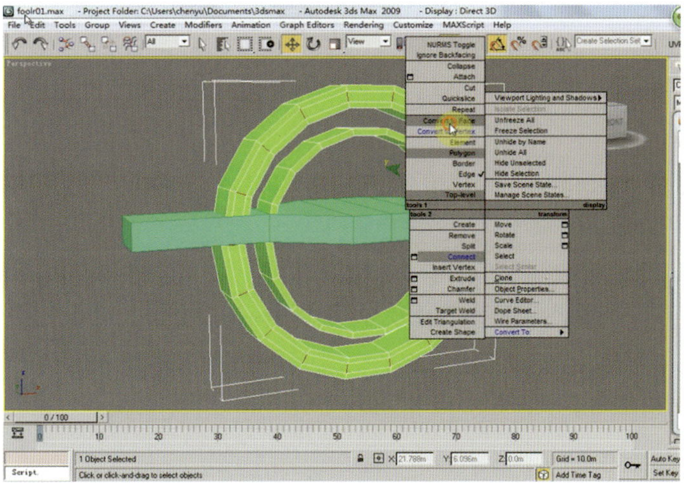

图 3–1–23 选择“Convert to Face”

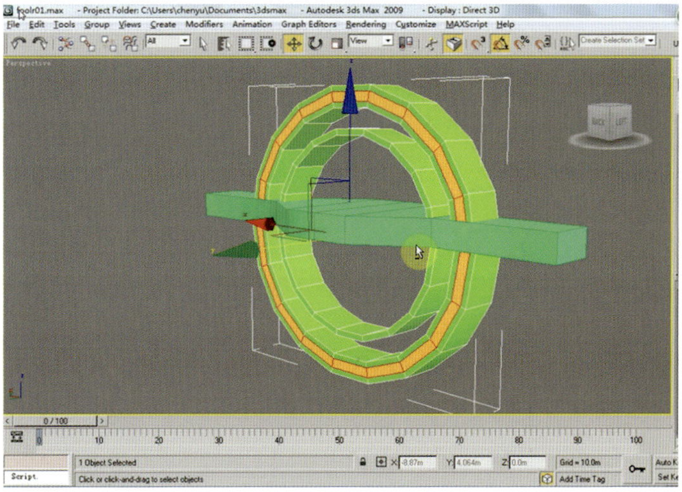

图 3–1–24 将选择区域转换为面选择状态

单击右键选择“Extrude”（挤压）命令，调整“Extrusion Height”（挤出高度）为“–1.0”（注意：在挤压命令中，正数为向外挤压，负数是向内挤压），这里根据模型造型应使用负数，即向内挤压（见图3–1–25），切换到点层级操作模式拖曳点，调整其位置。

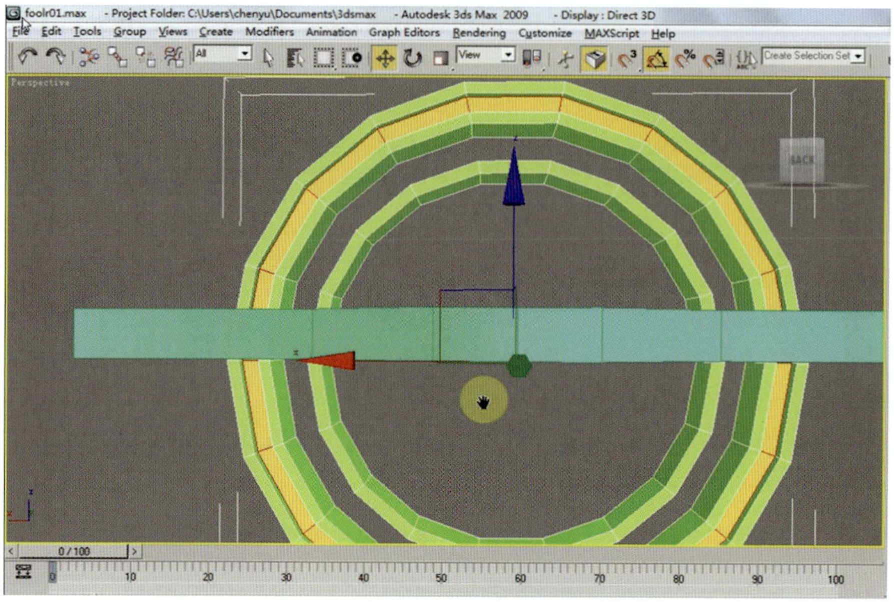

图 3–1–25　向内挤压

这样的操作是一种制作方法，但在游戏场景模型的制作过程中为了节省面数，通常不过多地制作凹凸结构，有些起伏结构是依靠制作贴图模拟出来的。

（4）选择中间的较小圆形，按 Shift 键用缩放工具向内复制出一个圆环，调整到合适的大小和厚度（见图 3–1–26）；再向内复制出一个圆环，选择内部的所有线段并将其删除，按 3 键切换到边缘层级操作模式，点选其中一边的内部边缘线（见图 3–1–27），单击修改面板上的“Collapse”（塌陷）命令，使其闭合成为实心物体（见图 3–1–28）。

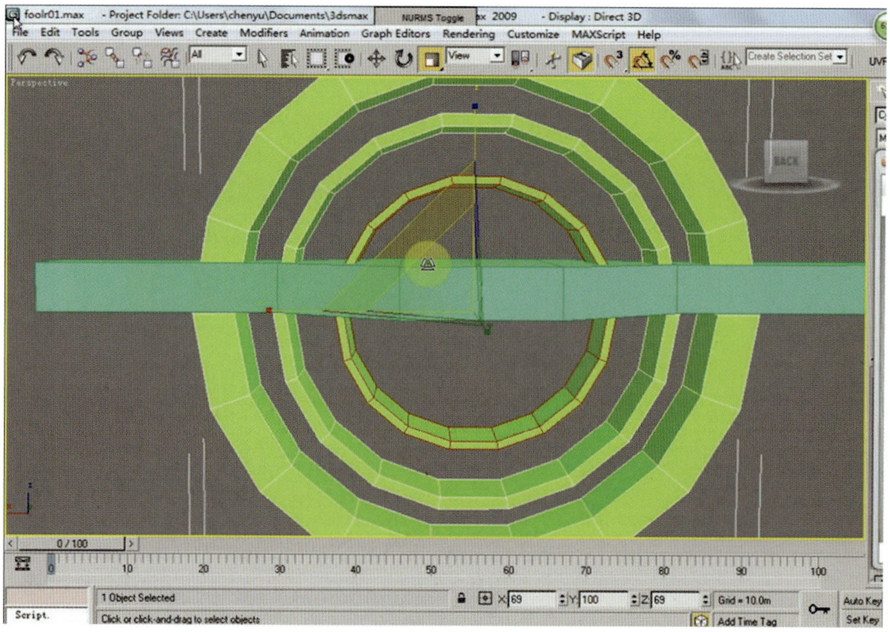

图 3–1–26　调整复制出的圆环到合适的大小和厚度

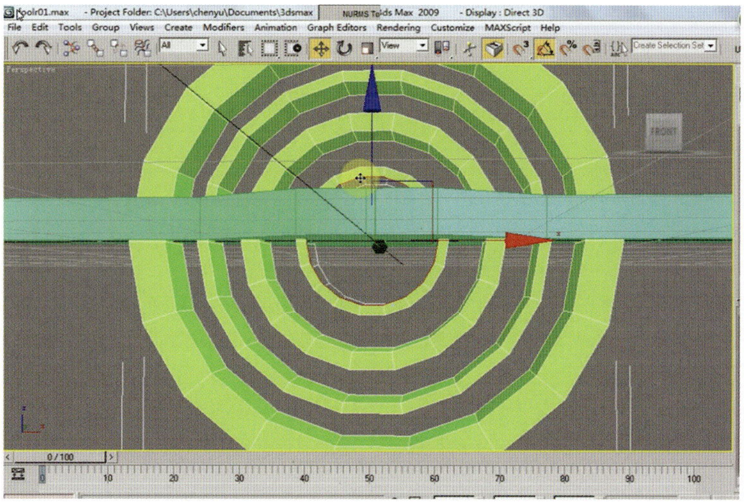

图 3–1–27 点选内部边缘线

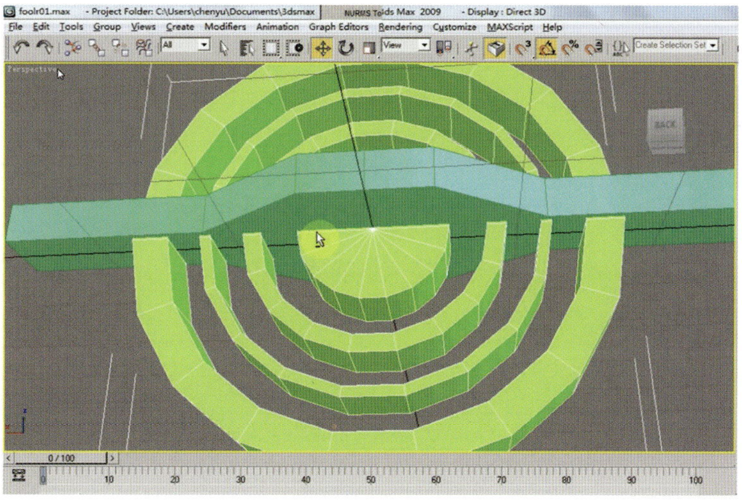

图 3–1–28 内部闭合成为实心物体

（5）制作下面的支撑部分。切换视图为顶视图，在顶视图中建立一个“Box”（见图 3–1–29），移动至合适位置，并选择缩放工具调整其造型（见图 3–1–30）。

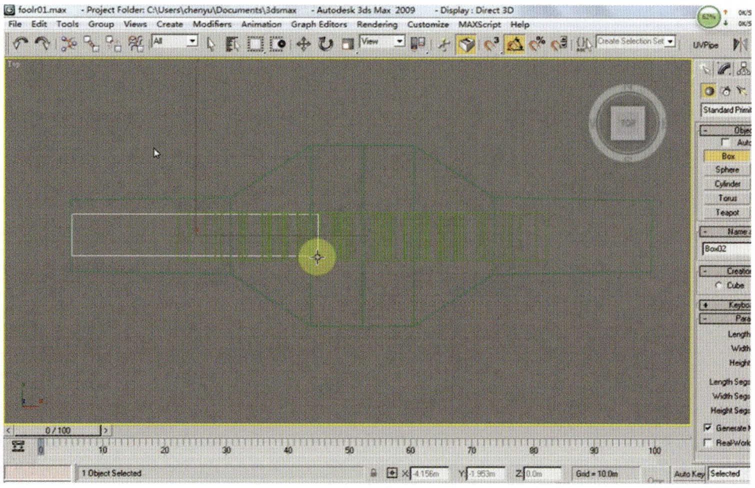

图 3–1–29 建立一个“Box”

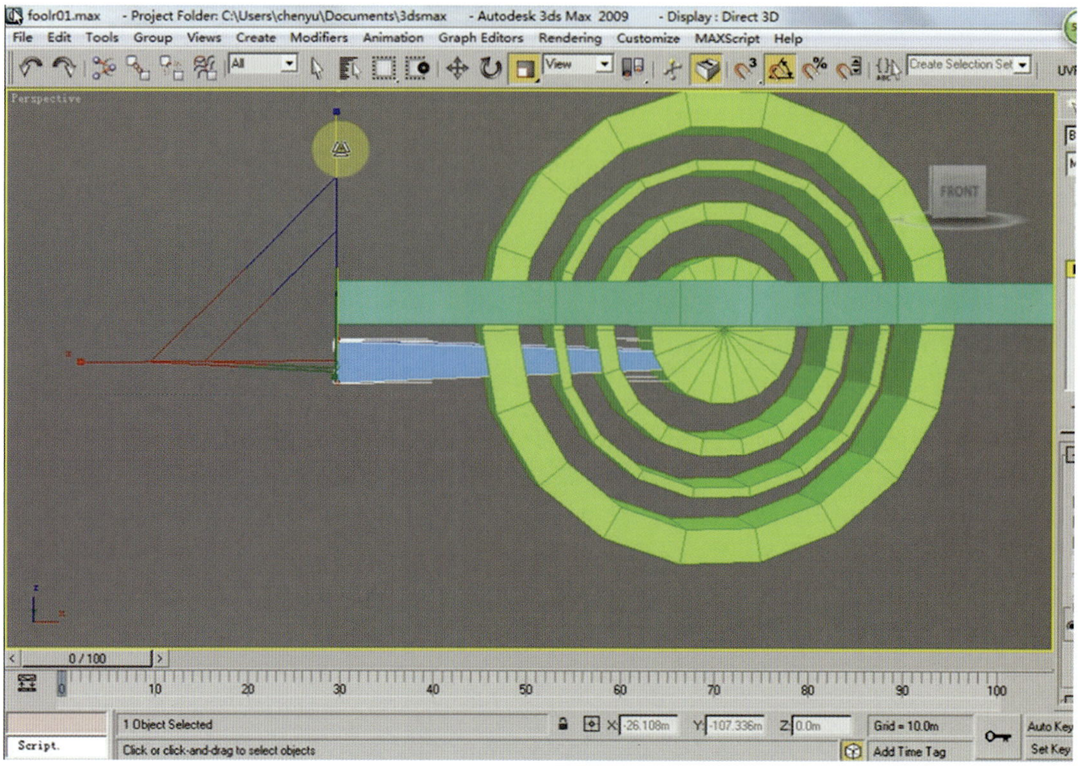

图 3-1-30 调整盒子造型

在层级面板中点选“Affect Pivot Only”（只影响轴心）按钮（见图 3-1-31），在视图中将物体的轴心移至右端，再单击“Affect Pivot Only”关闭这一功能。

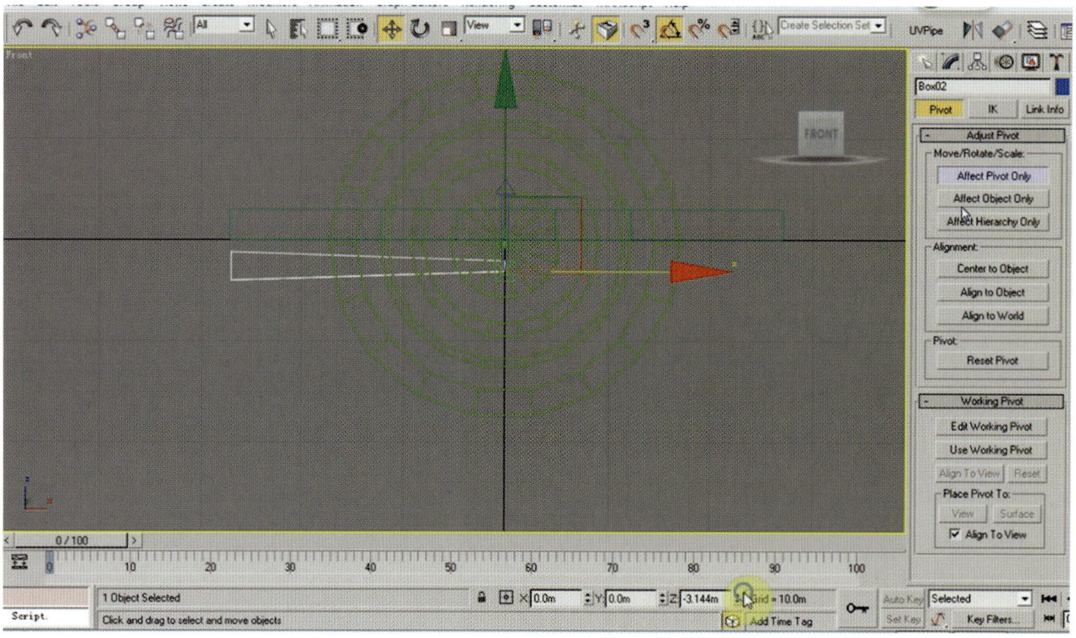

图 3-1-31 点选“Affect Pivot Only”按钮

按 E 键切换到旋转工具，按住 Shift 键旋转并复制出一个支撑物体，根据参考图再复制出其他的支撑物体并放置在合适的位置（见图 3-1-32）。选择下方的一根支撑物体，单击右键，选择“Attach”（结合），再单击另外三根，将其结合成一个物体（见图 3-1-33）。

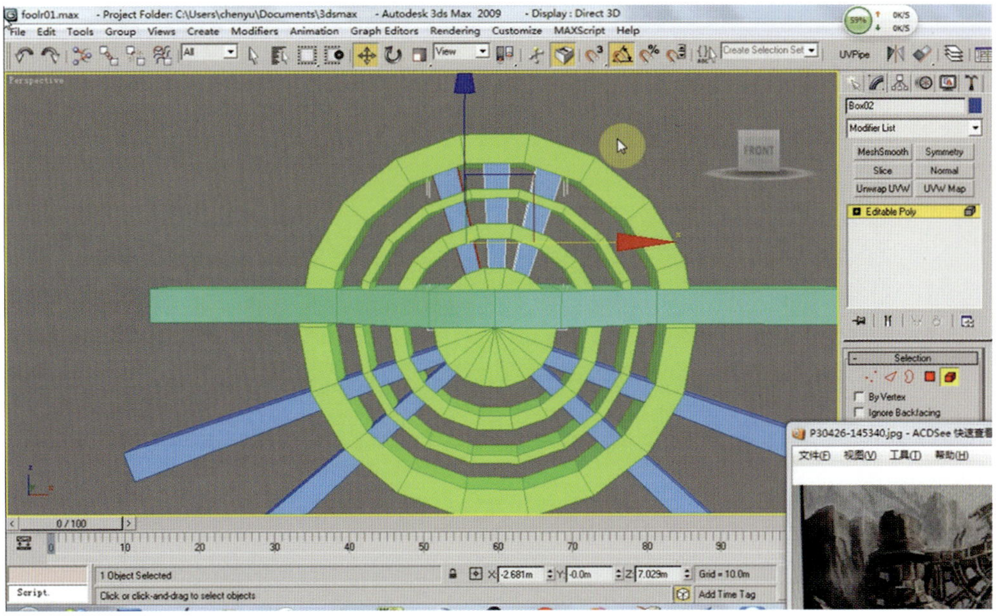

图 3-1-32　复制出其他支撑物体并放在合适位置

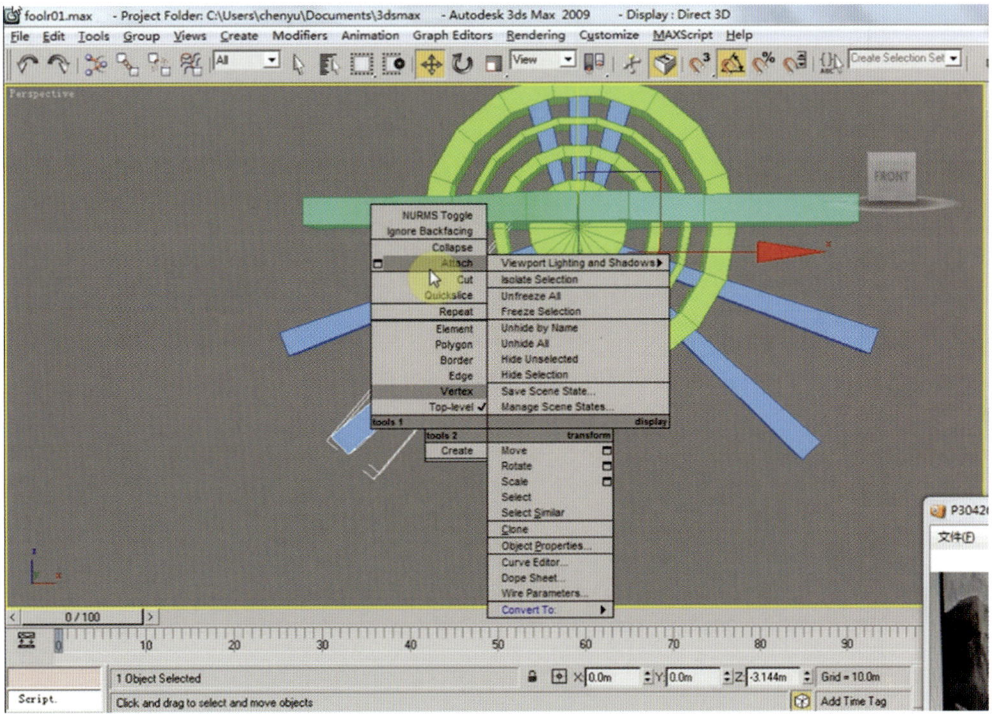

图 3-1-33　将四个支撑物体合成一个物体

注意：如果想改动结合后的物体的某一部分，需点选元素按钮，或按 5 键修改（见图 3-1-34）。将视图中的所有物体全选，执行“Reset XForm”，单击“Reset Selected”重置坐标，并将物体转换为可编辑的多边形物体，以方便后续操作。

（6）根据参考图，按 4 键，切换到面层级操作模式，选择需删除的面（见图 3-1-35）并删除。

按 3 键切换到边缘层级操作模式，框选物体的边缘使之呈红色高亮显示，单击右键，选择“Cap”（封口）命令，将物体开口处封闭起来（见图 3-1-36）。继续根据参考图，将其他部分删除并进行以上相同操作，具体重复操作请扫描二维码下载观看。

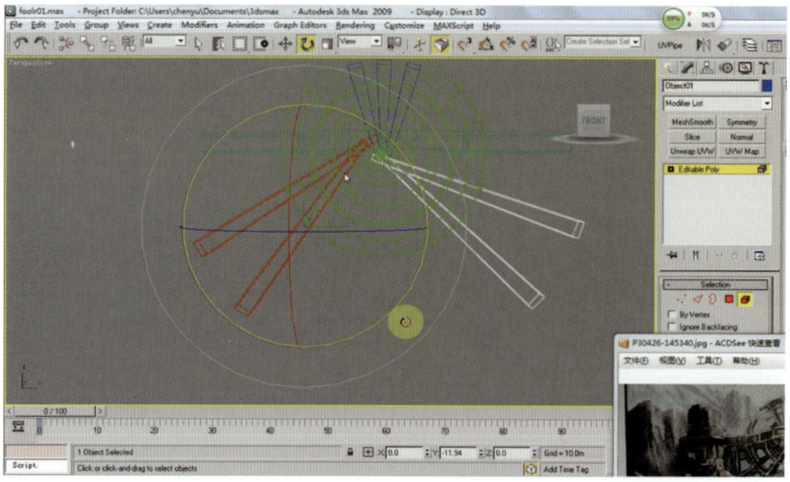

图 3-1-34　按 5 键修改结合后的物体的某一部分

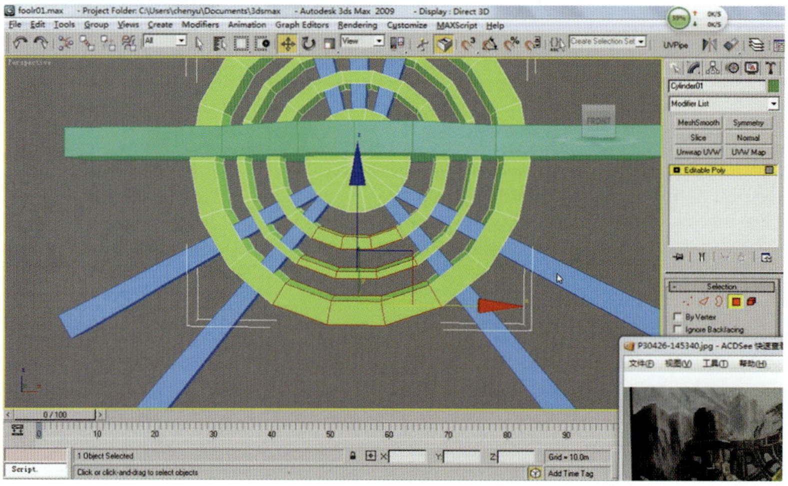

图 3-1-35　选择需删除的面

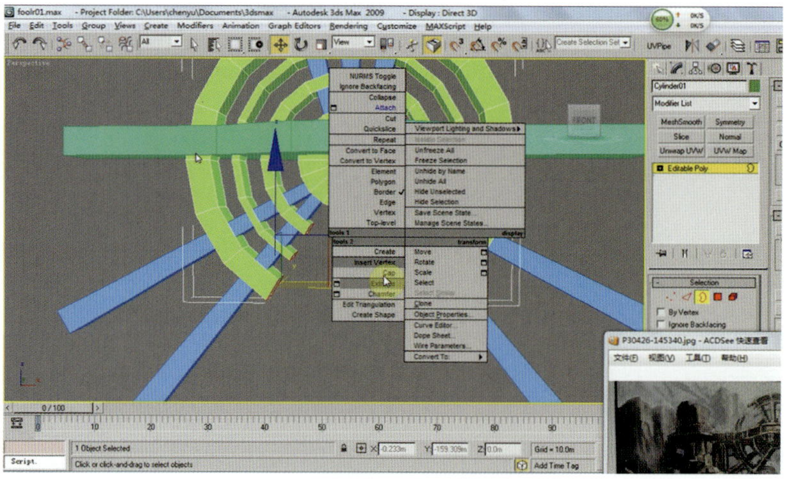

图 3-1-36　将物体开口处封闭

（7）在前视图中建立一个圆柱体（见图 3-1-37），并将其转换为多边形物体。

按 4 键选择圆柱体横截面的两面，单击右键，选择“Inset”（插入）命令，插入数值设为“4”（见图 3-1-38），按删除键将多余的面删除，再按 3 键切换到边缘层级操作模式，点选其中一段封闭的边缘线用移动工具向另一边拖曳，使边缘线对齐，单击右键，选择“Convert to Vertex”，再单击右键选择“Weld”命令对点进行焊接（见图 3–1–39）。

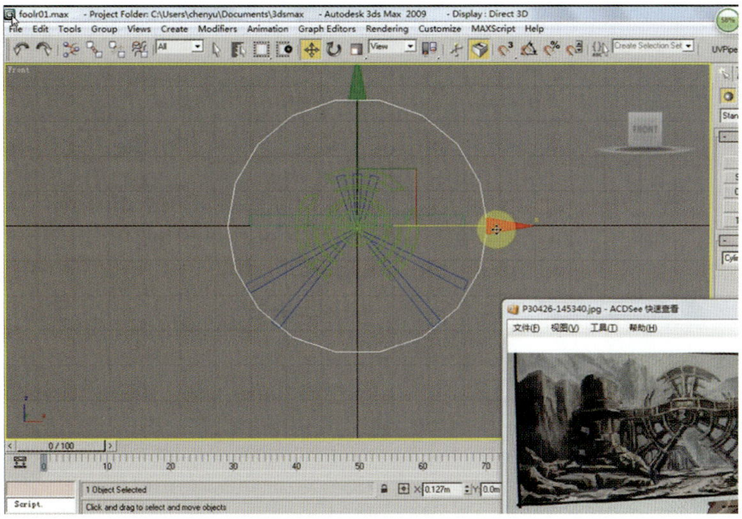

图 3–1–37　在前视图中建立圆柱体

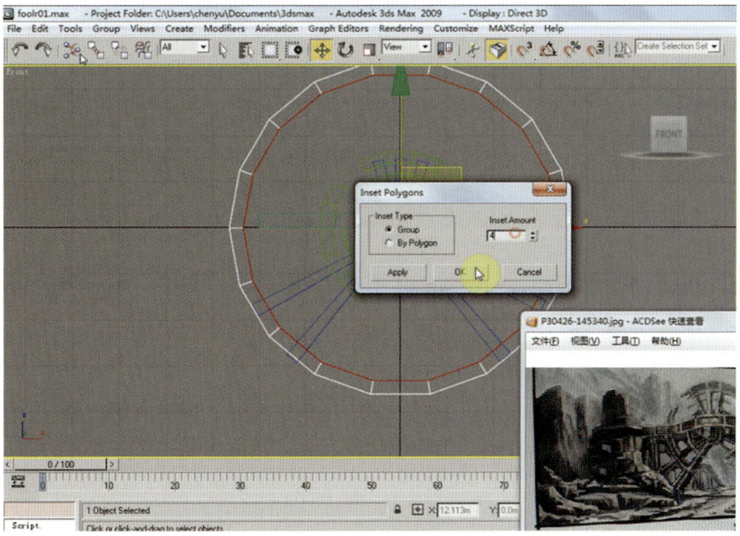

图 3–1–38　插入数值设为“4”

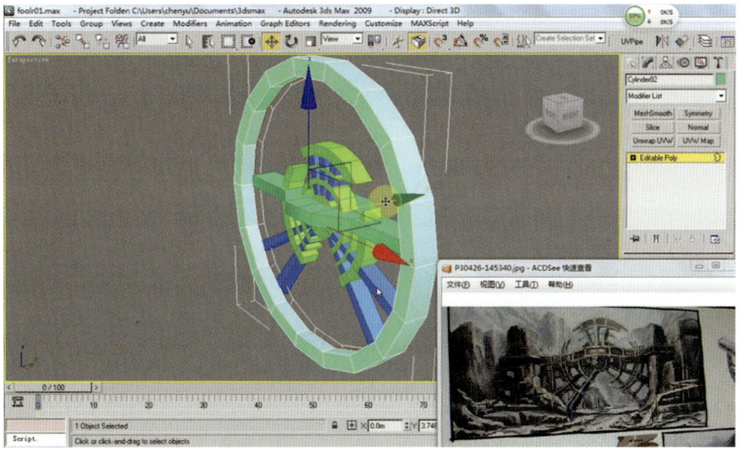

图 3–1–39　对点进行焊接

第二节 高模制作

（1）按参考原画将新建的圆柱多余部分删除并摆放到合适位置，打开工具栏上的材质编辑器，选择一个灰色示例球并赋予场景中的模型，再选择修改面板（见图3-2-1）的边框颜色修改，将其修改为黑色（见图3-2-2）。

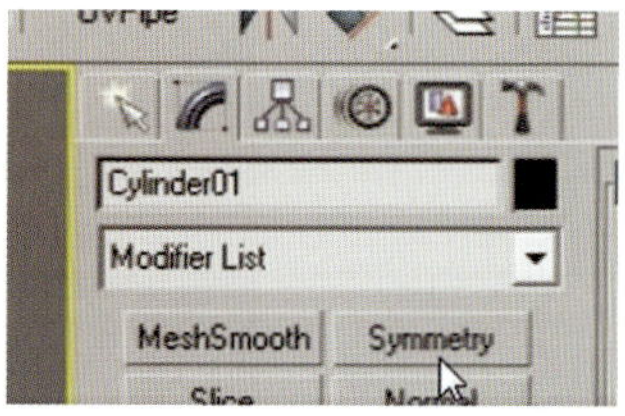

图3-2-1 修改面板

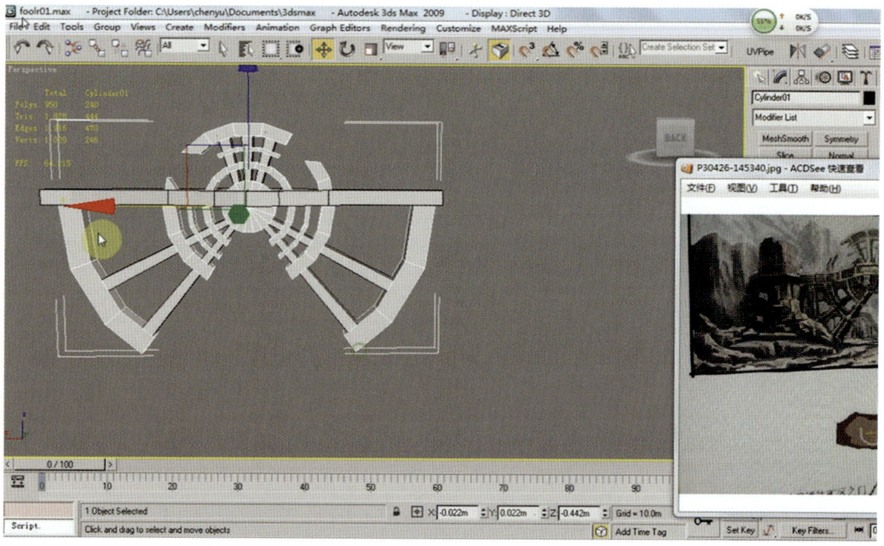

图3-2-2 将边框修改为黑色

（2）将完成的模型复制出一个（见图3-2-3），制作高模。高模的制作就是将模型进行造型上的细化，更多地绘制出模型的细节。

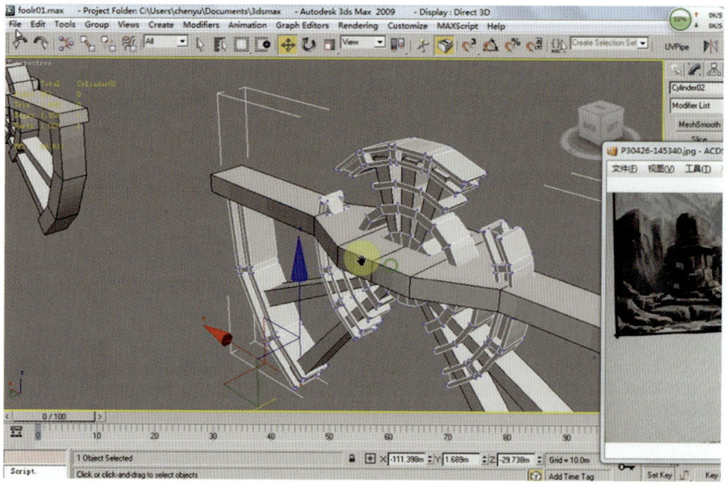

图3-2-3 复制出一个完成的模型

选中中间横向的部分（见图3-2-4）制作细节。按2键切换到线层级操作模式，选择两边，按“Ctrl+Shift+E”组合键加线（见图3-2-5）。

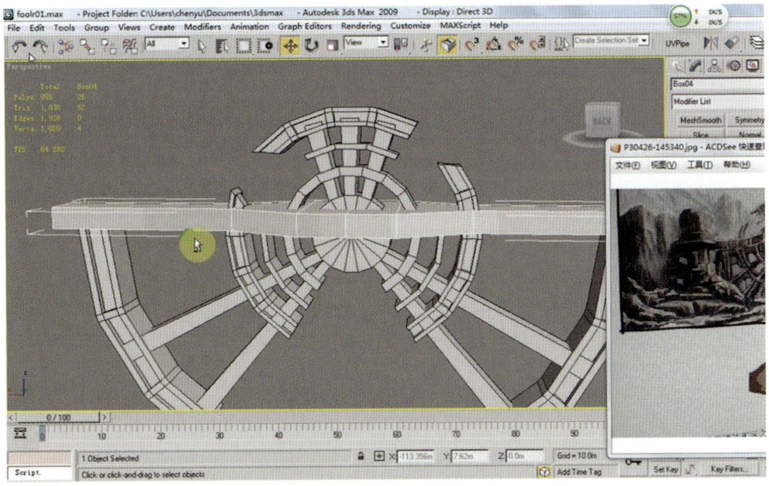

图3-2-4 选中中间横向的部分

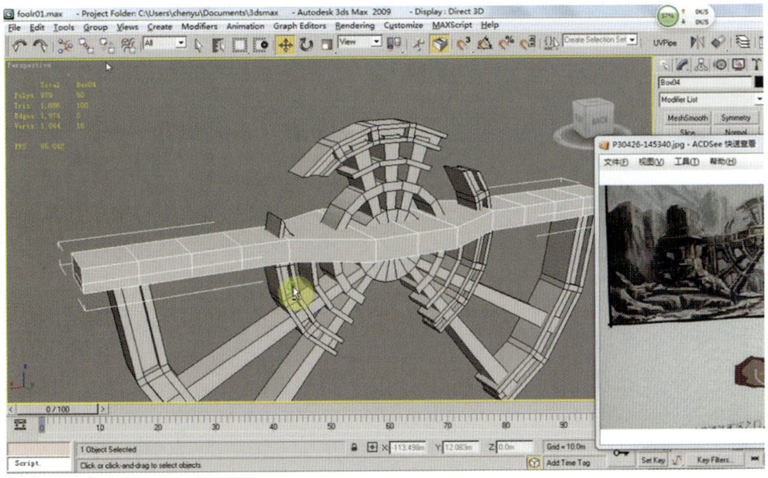

图3-2-5 加线

按4键切换为面层级操作模式，按Alt键将两边的面减掉（见图3-2-6），单击右键，选择“Inset”（见图3-2-7）。

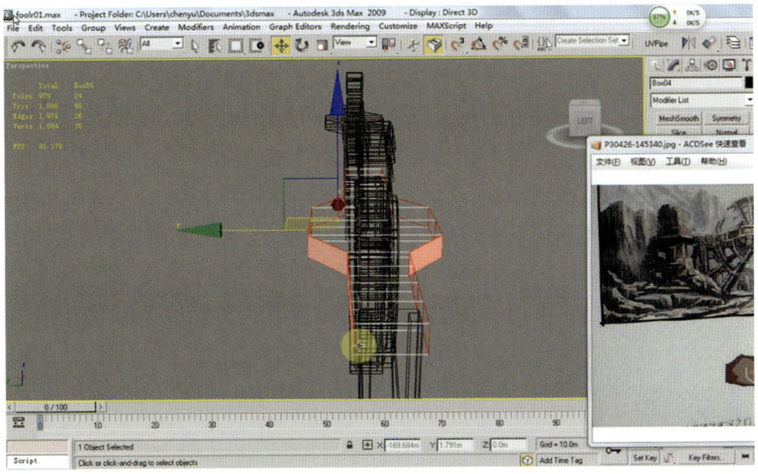

图3-2-6 将两边的面减掉

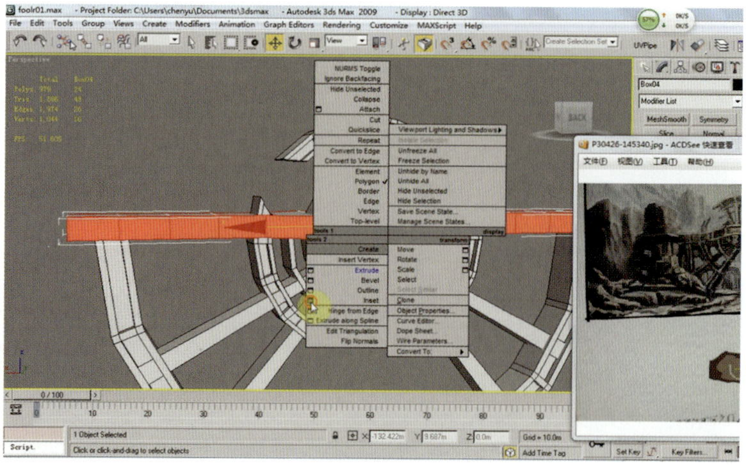

图 3-2-7　选择“Inset”

在对话框中将“Inset Amount”调整为 0.33 m，并点选“By Polygon”（按个体多边形方向）（见图3-2-8），再单击右键，选择“Extrude”（挤出），在弹出的对话框中勾选“Local Normal”（自身法线方向），修改“Extrusion Height”（挤出高度）为 -0.5 m（见图 3-2-9），使所选择的面向内缩进，并用缩放工具缩小一些。

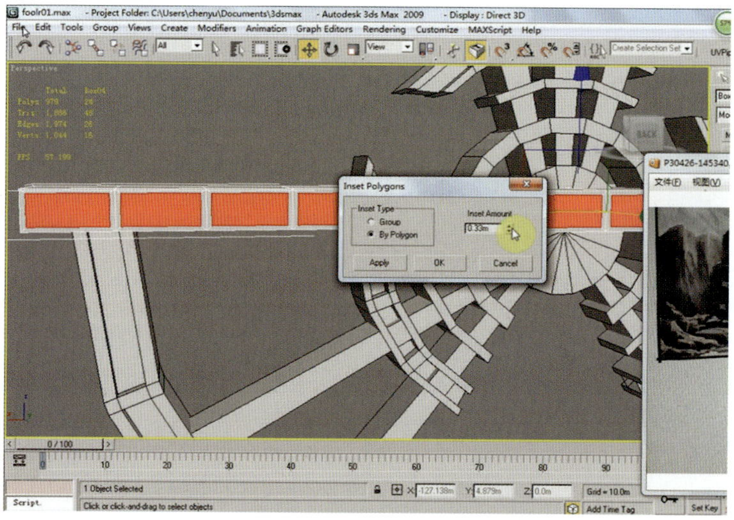

图 3-2-8　点选“By Polygon”

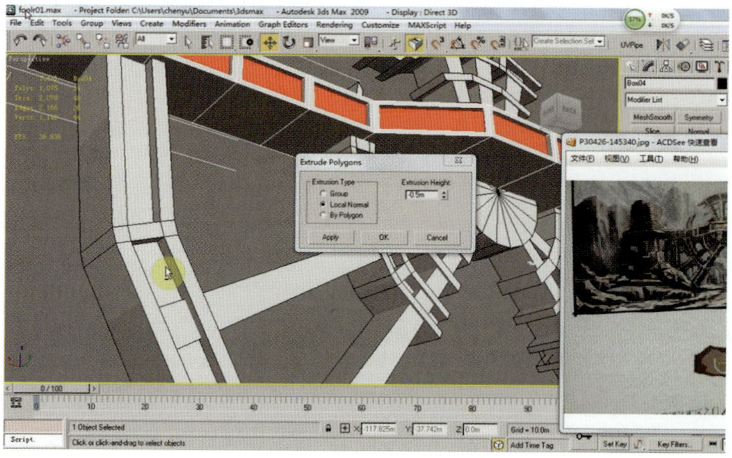

图 3-2-9　修改“Extrusion Height”

（3）选择中间的圆柱部分，单击右键，选择“Convert to Edge”（转换到边）（见图 3–2–10），将中间的线选中并删除（见图 3–2–11）。

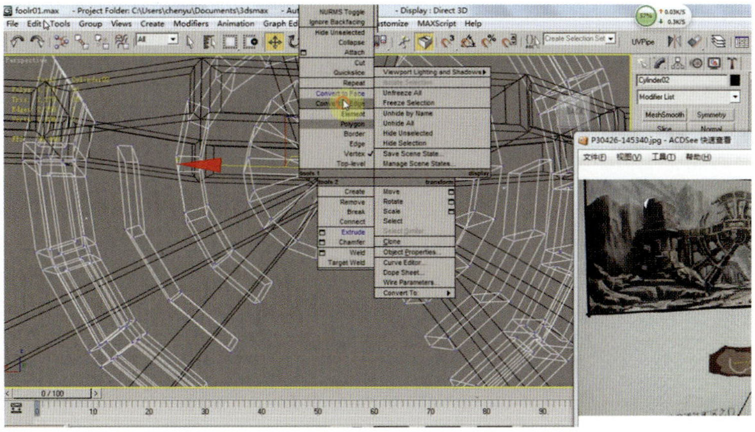

图 3–2–10　选择“Convert to Edge”

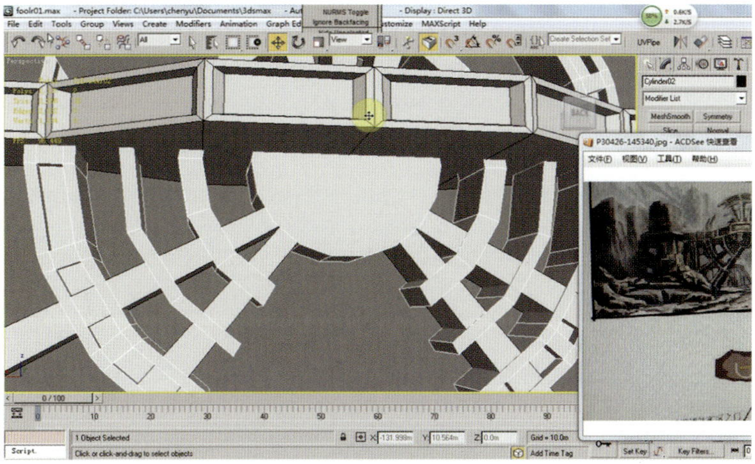

图 3–2–11　将中间的线选中并删除

按 4 键分别选择圆柱的两面（见图 3–2–12），单击右键，选择“Inset”，再单击右键，执行“Extrude”，在“Extrusion Height”中输入“–0.5 m”，勾选“Local Normal”，单击“OK”结束（见图 3–2–13）。

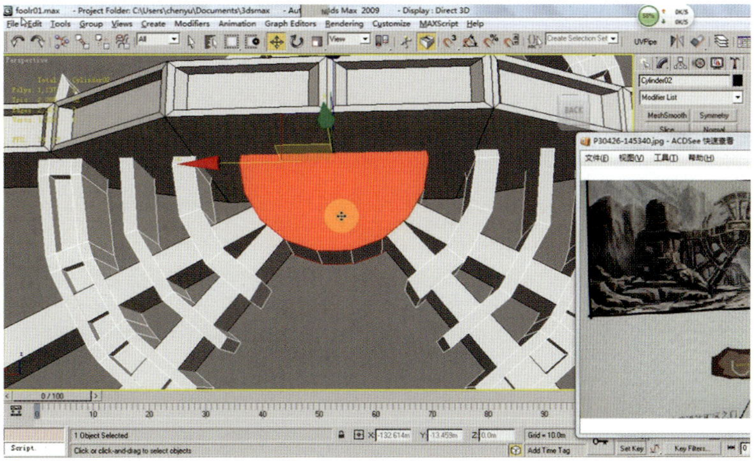

图 3–2–12　选择圆柱的两边

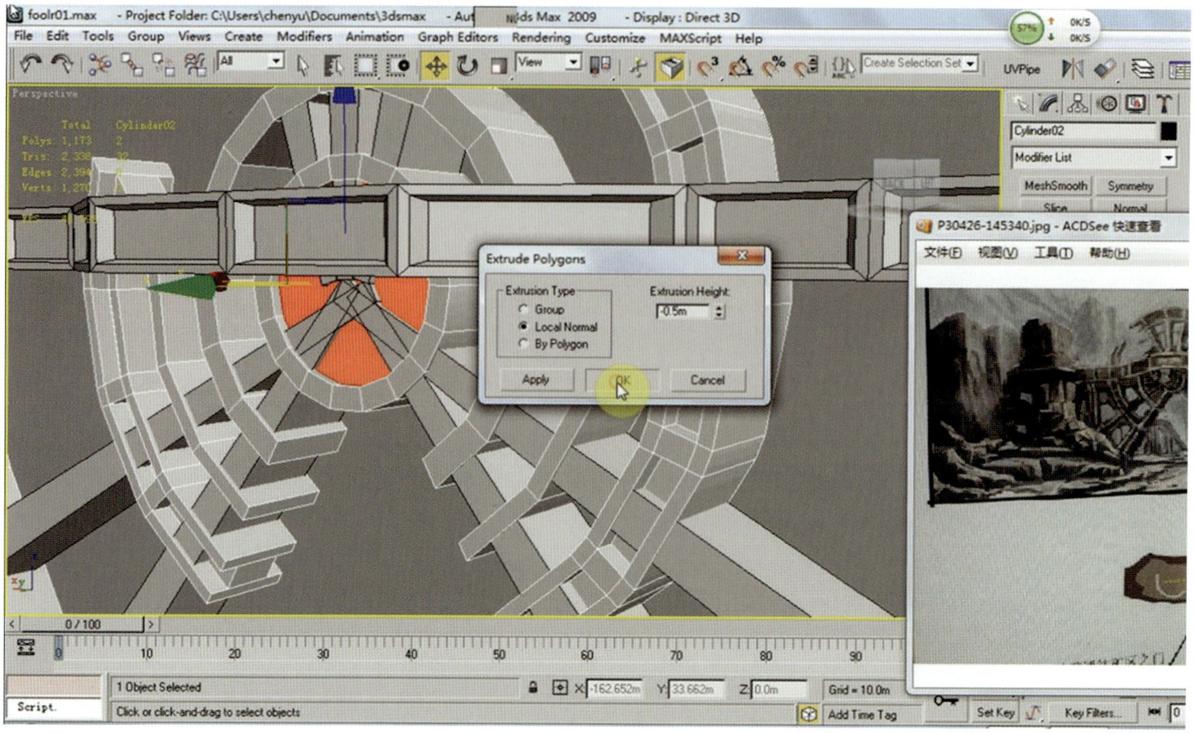

图 3-2-13 勾选“Local Normal”，单击“OK”结束

现在，视图中的模型一个为简模（也称低模），另一个为高模（见图 3-2-14）。

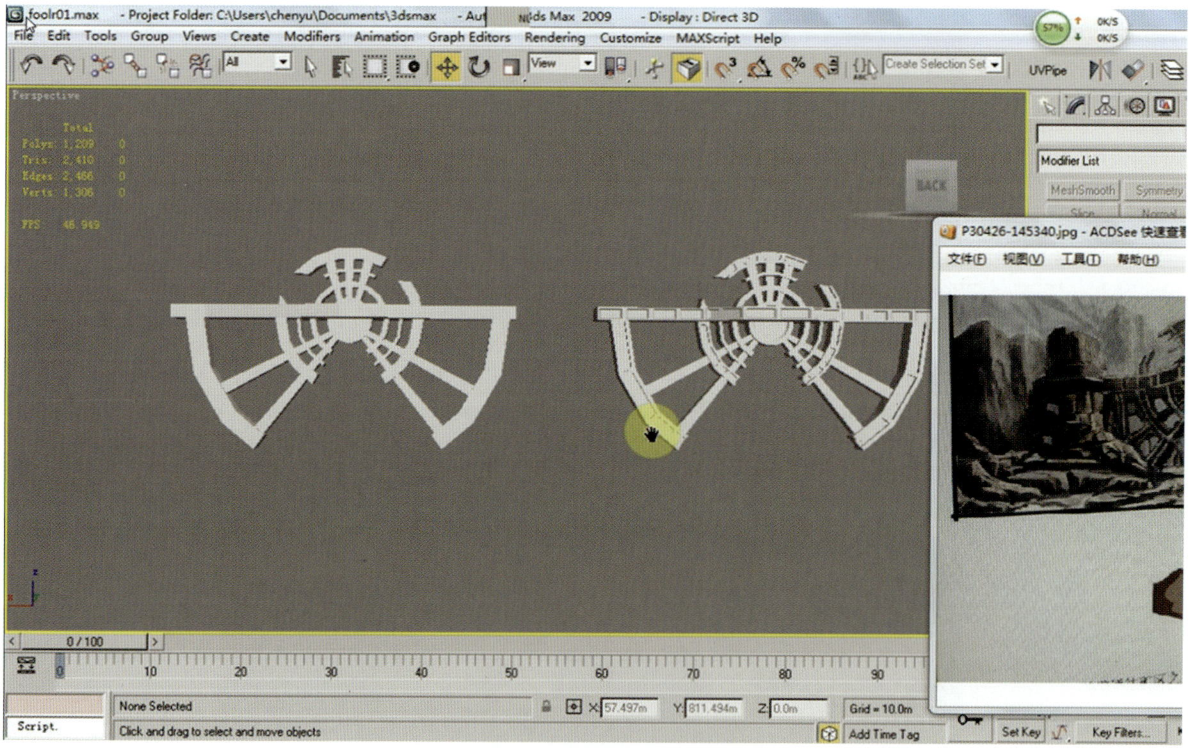

图 3-2-14 简模和高模

第三节　拆分风车 UV

（1）在展 UV 之前，检查一下模型（低模）的布线和计划切割的合理性。在模型中间切割出一条中线（见图 3–3–1），以便展 UV 时分布对称形。在修改面板中单击“Unwrap UVW”按钮，再单击“Edit”按钮，打开“Edit UVWs”对话框（见图 3–3–2）。

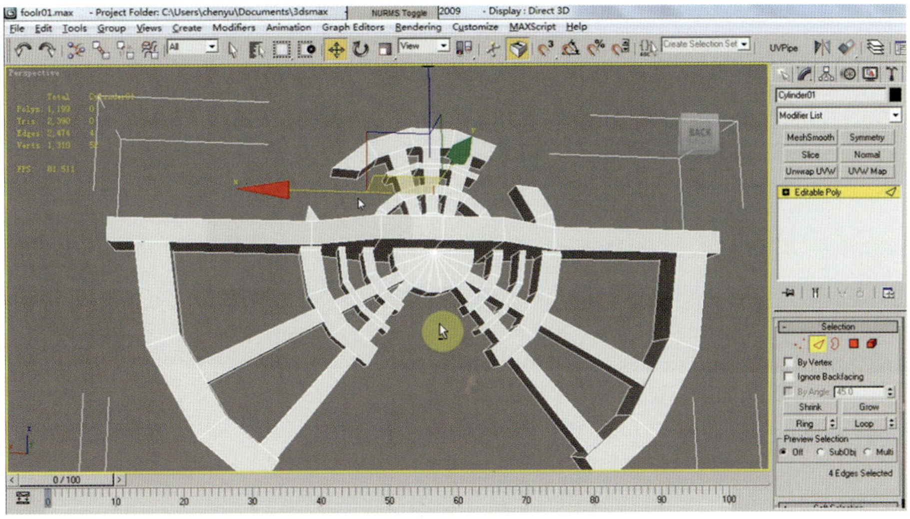

图 3–3–1　在模型中间切割出一条中线

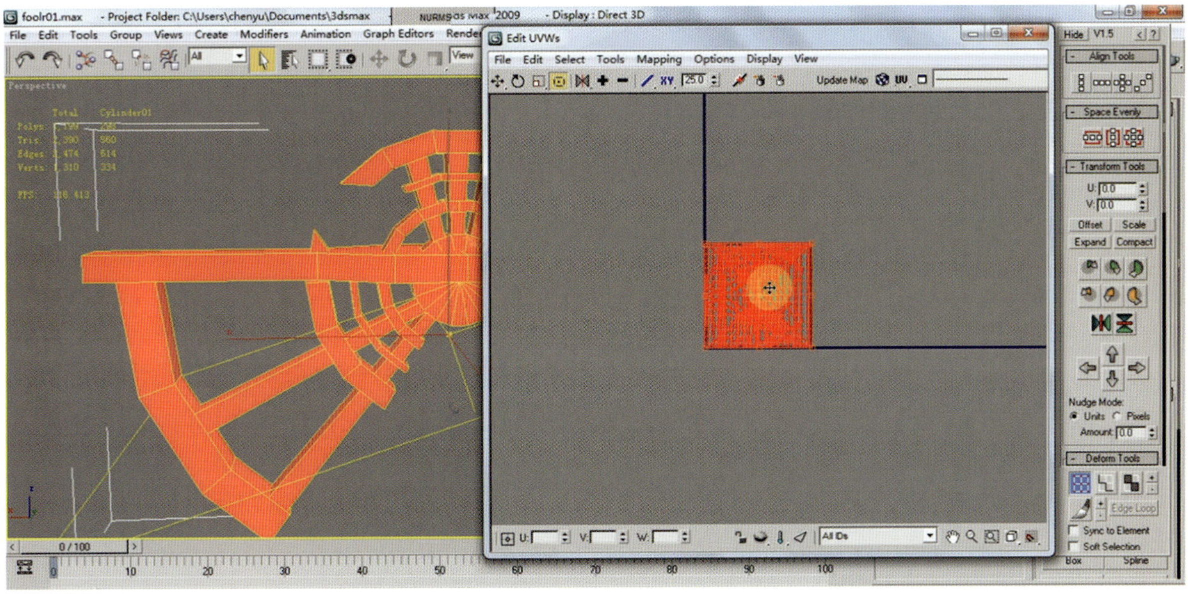

图 3–3–2　打开“Edit UVWs”对话框

（2）全部框选视图中的 UV 线，使其红色高亮显示（见图 3–3–3），单击右侧“Quick Planar Map”（快速展平线图）按钮，使 UV 线框按单独物体形式重叠排列出来。在透视图中单击选择平台物体，再单击“Quick Planar Map”按钮，使其快速展平，最后在透视图中选择上面的面（见图 3–3–4）。

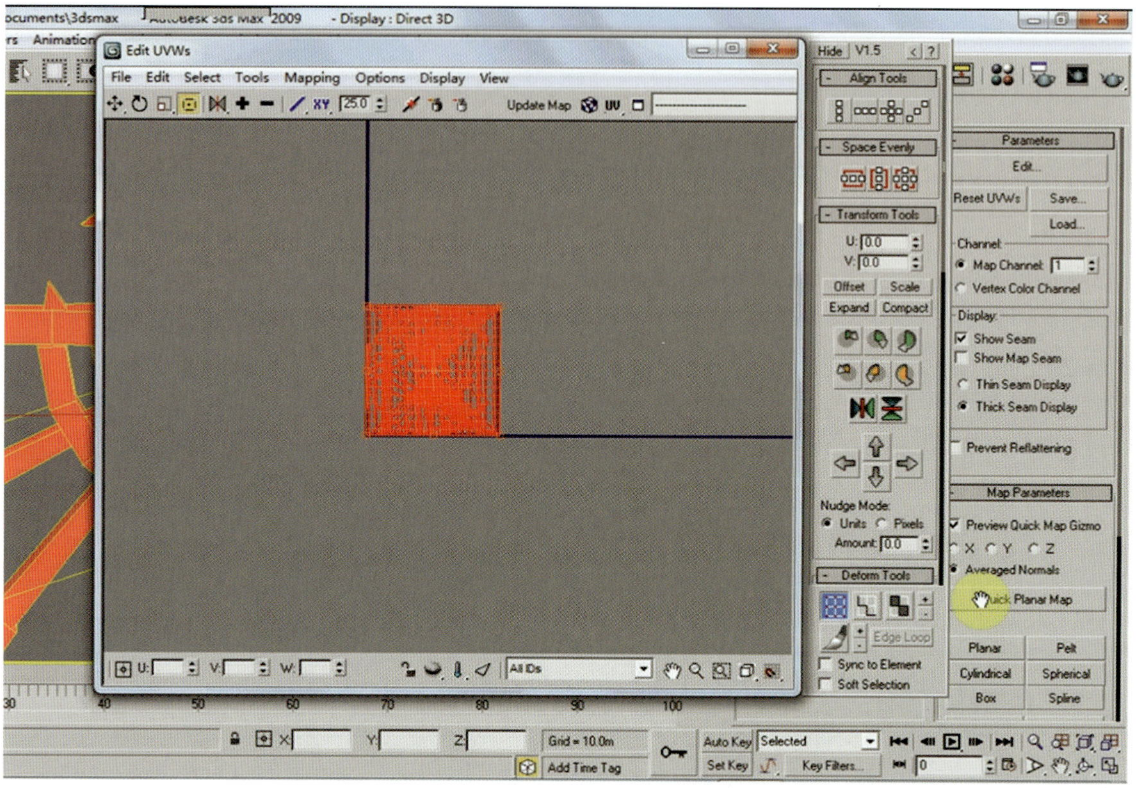

图 3–3–3　框选 UV 线使其红色高亮显示

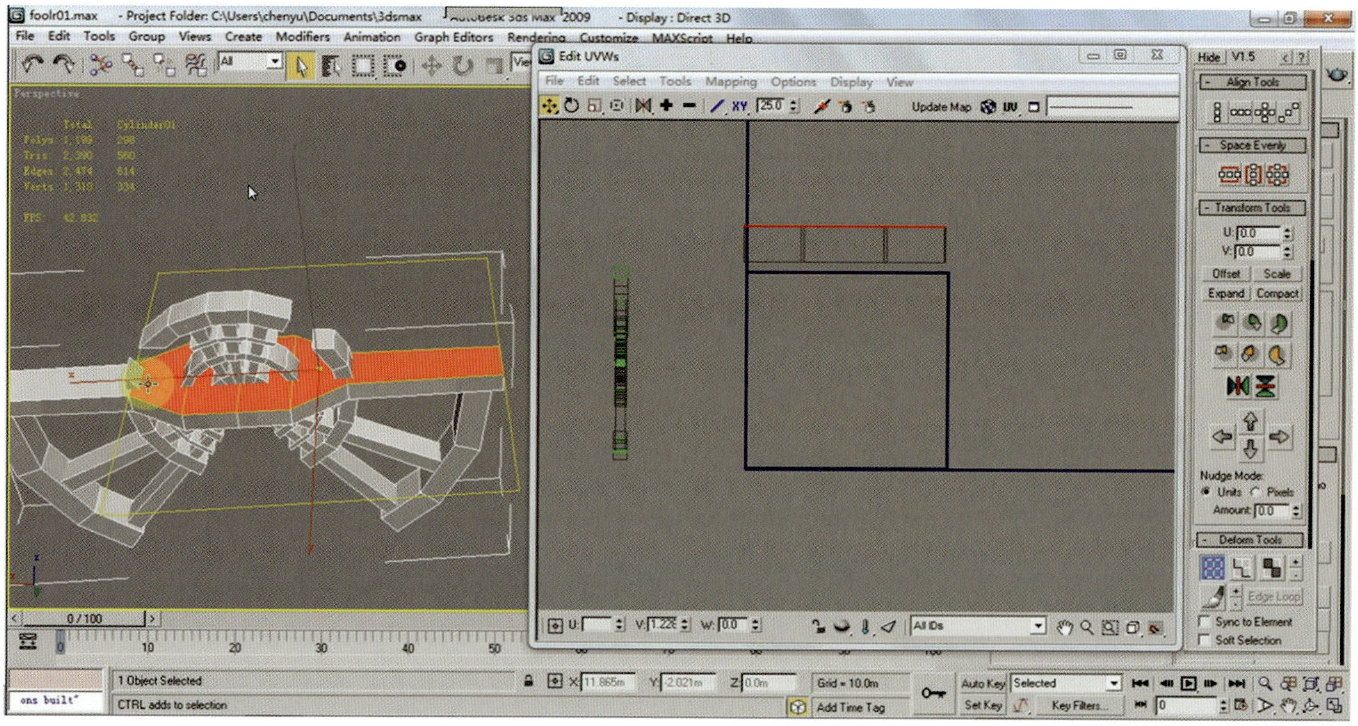

图 3–3–4　选择上面的面

（3）单击右侧“Quick Planar Map”按钮，使其展平（见图 3–3–5）；执行同样的操作，将平台下面的面也展平（见图 3–3–6），系统会自动将相同的 UV 重叠在一起。随后，将侧边的面展开，并对展开的 UV 使用“Relax Tool”（放松工具）将其最大限度地展平，以避免看不到的 UV 缠绕重叠。将对称物体重叠在一起，以节省 UV 的有效空间资源。详细的操作步骤请扫描二维码下载观看。

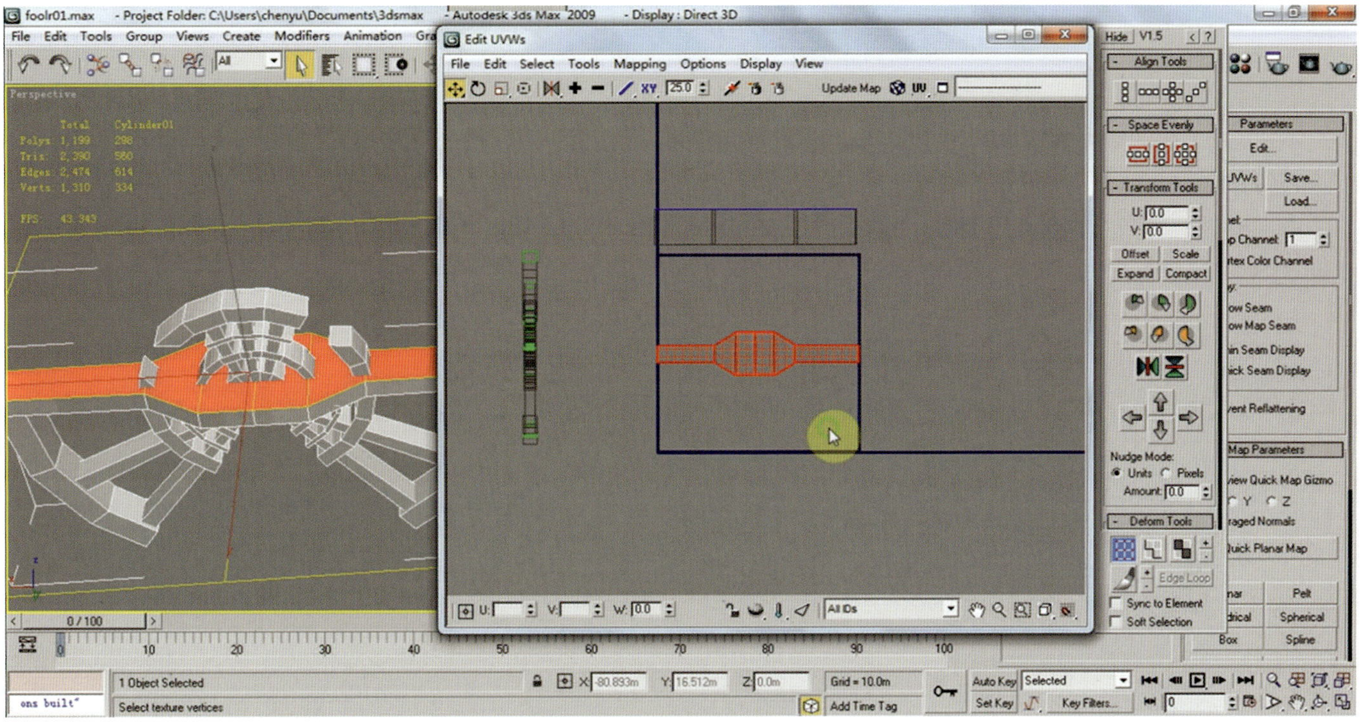

图 3–3–5　使所选中的面展平

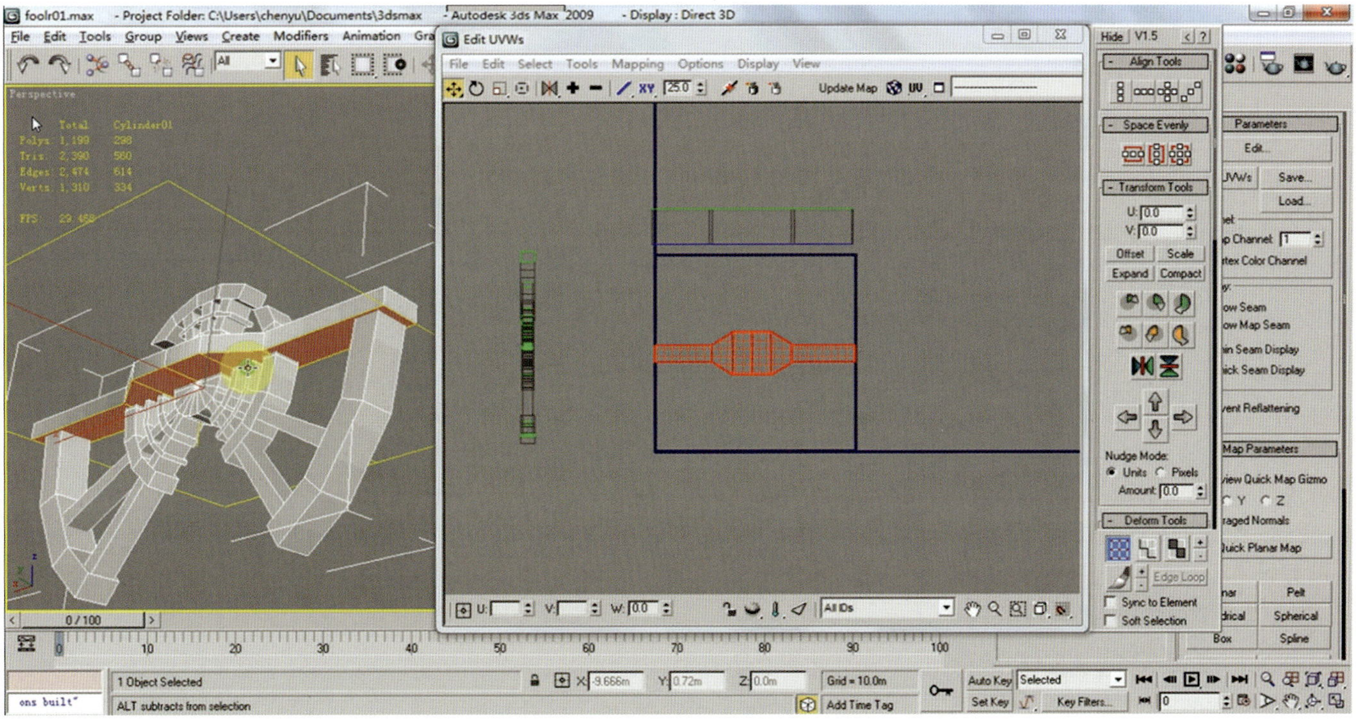

图 3–3–6　将平台下面的面也展平

第四节　风车贴图制作

（1）导出 UV，在 3ds Max 中打开“Edit UVWs”对话框（见图 3-4-1），选择其上菜单“Tools”的卷展命令中的“Render UVW Template”（渲染 UVW 模板）（见图 3-4-2）。

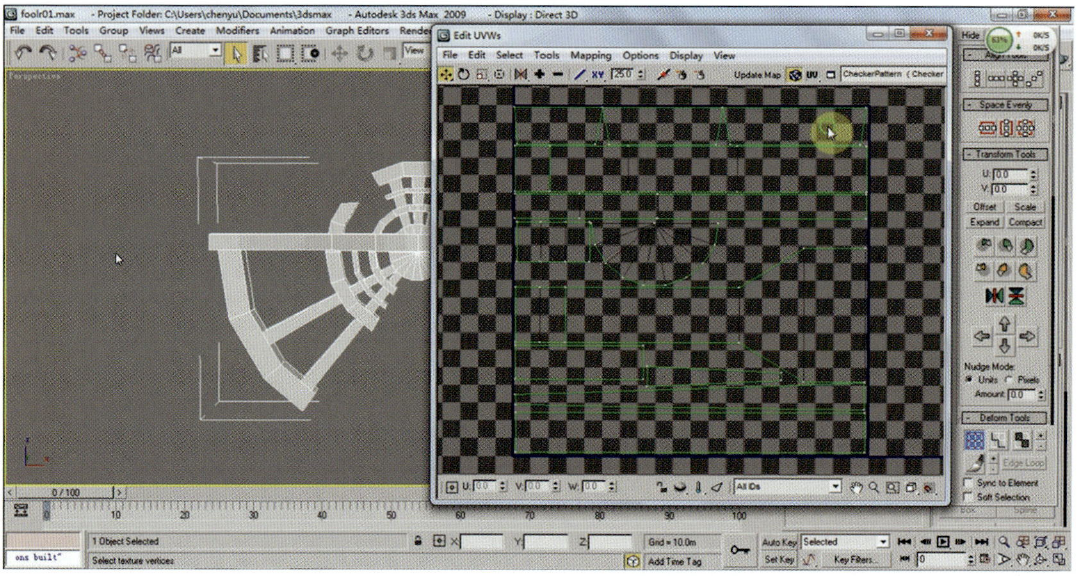

图 3-4-1　打开“Edit UVWs”对话框

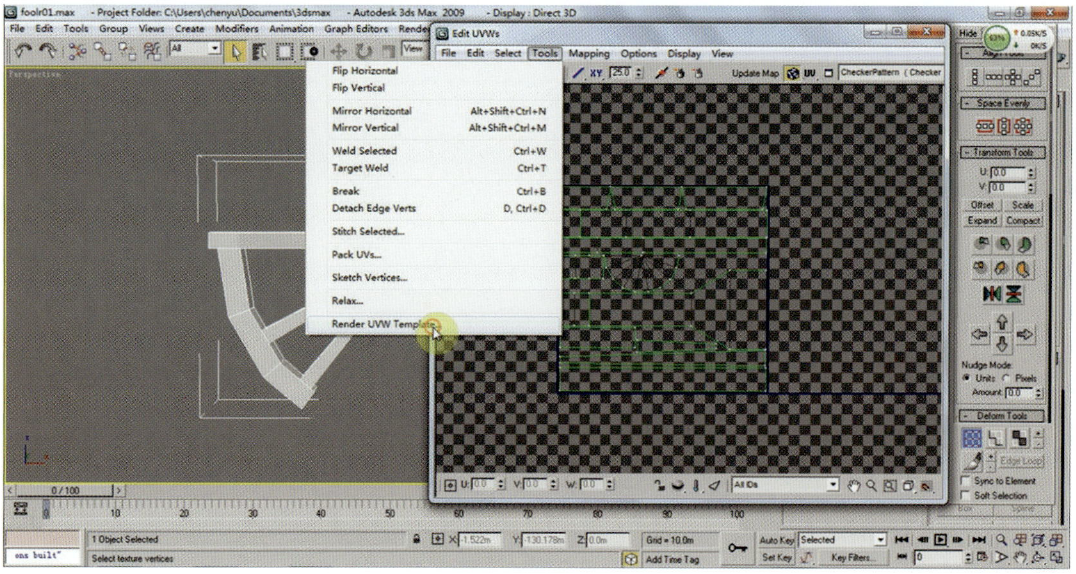

图 3-4-2　选择“Render UVW Template”

弹出“Render UVs”对话框（见图 3–4–3），在“Width”和“Height”后的数值框中输入“2048”，单击对话框下方的“Render UV Template”按钮（单击后界面如图 3–4–4 所示），单击左上方的保存按钮将其保存为 png 格式，并在弹出的“png Configuration”对话框中确认“RGB 48 bit（281 Trillion）”项已勾选，单击“OK”结束。png 格式的文件是没有背景层的格式文件，方便制作贴图。

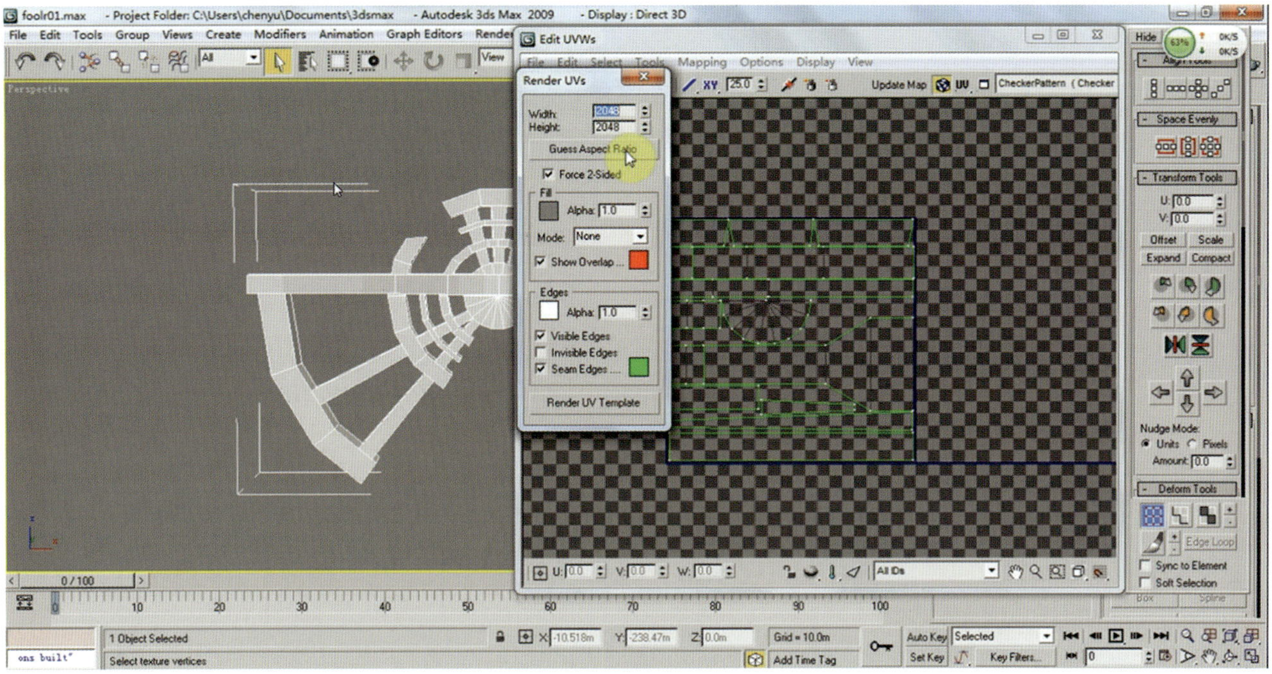

图 3–4–3　弹出“Render UVs”对话框

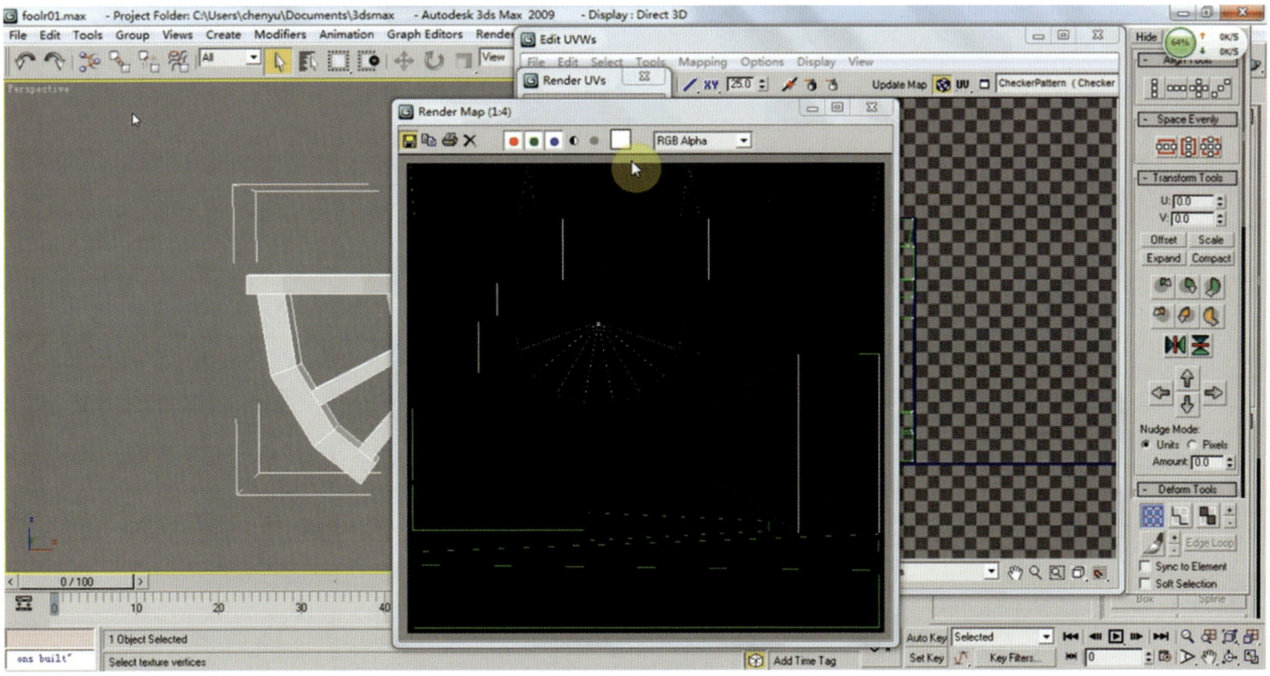

图 3–4–4　单击“Render UV Template”按钮后的界面

（2）在 Photoshop 软件中，打开上一步存储的 png 格式文件（见图 3–4–5），单击“图像”菜单，选择“模式”，并在下拉菜单中选择“8 位 / 通道（A）”（见图 3–4–6），将文件转换为 8 位通道的文件。

图 3–4–5 打开 png 格式文件

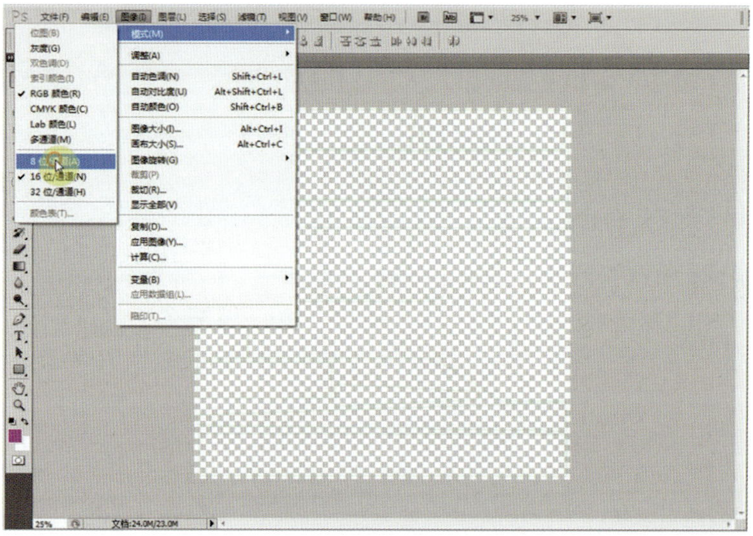

图 3–4–6 选择“8 位 / 通道（A）”

在图层面板中新建一层（图层 1），并将新建的图层拖曳至图层 0 的下方，单击工具栏下方的“前景色”给图层 1 填充一个 RGB（“R”设为 47，“G”设为 56，“B”设为 79）颜色（见图 3–4–7），按“Alt+Enter”组合键将图层 1 予以填充（见图 3–4–8）。

图 3–4–7 填充 RGB 颜色

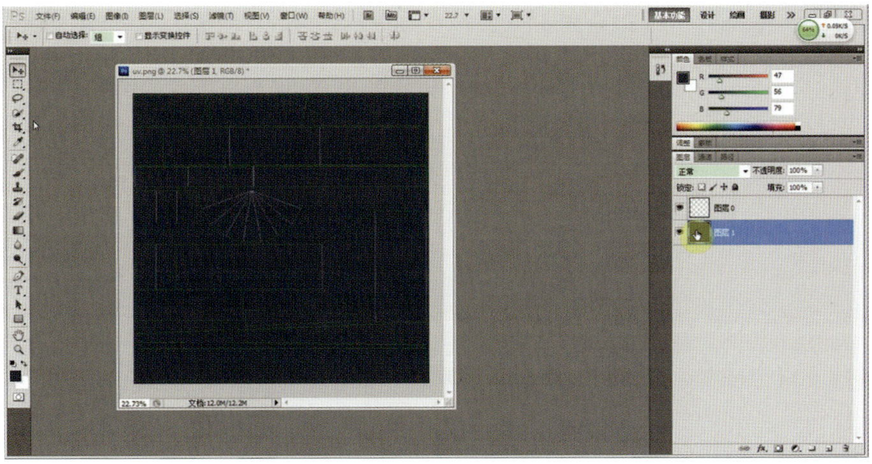

图 3–4–8　填充图层 1

（3）打开事先准备好的贴图文件（见图 3–4–9）并拖进 Photoshop 软件中，将图层 0 的图层模式修改为线性减淡并将不透明度改为 49%。选择工具栏中的方形套索在图层 1 中制作选区（见图 3–4–10）。制作选区是为了按照原画的纹理来刻画现有模型的凹凸感。

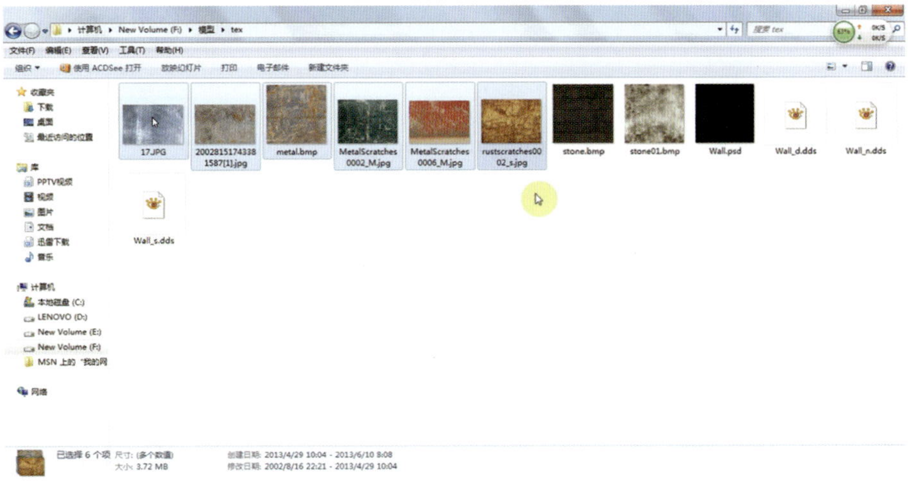

图 3–4–9　打开贴图文件

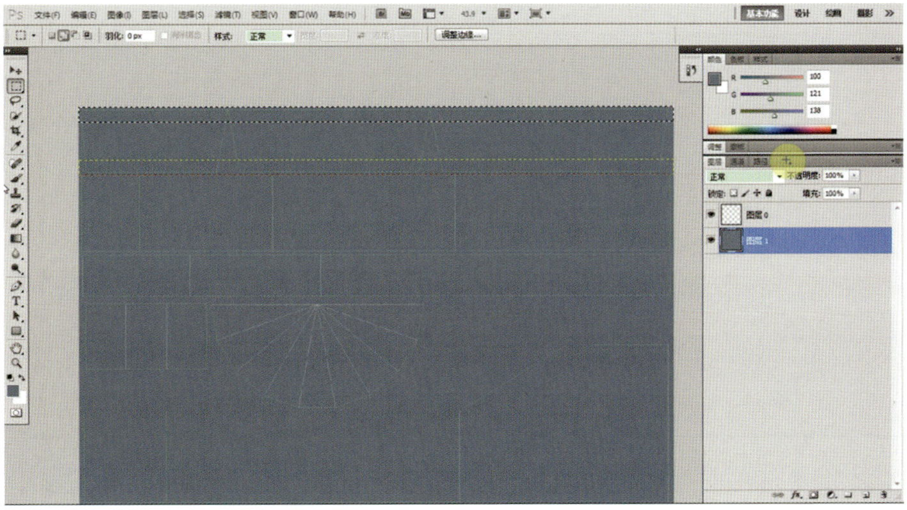

图 3–4–10　在图层 1 中制作选区

按“Ctrl+J”组合键将选区复制为新的图层 2，双击图层 2 弹出“图层样式”对话框（见图 3-4-11），在对话框的左侧勾选“斜面和浮雕”选项（见图 3-4-12）。

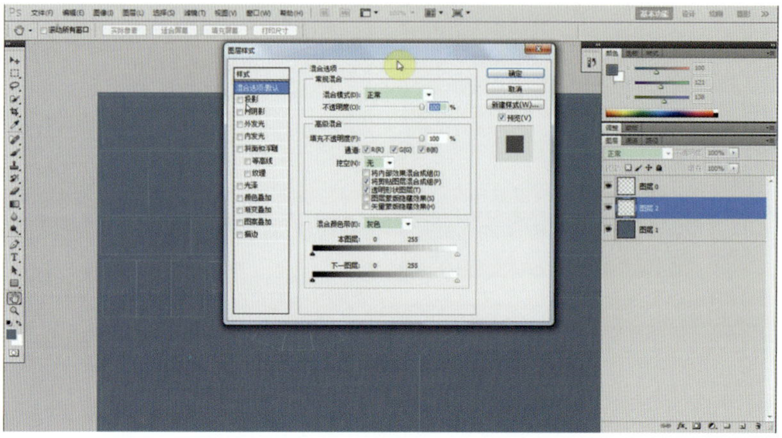

图 3-4-11　“图层样式”对话框

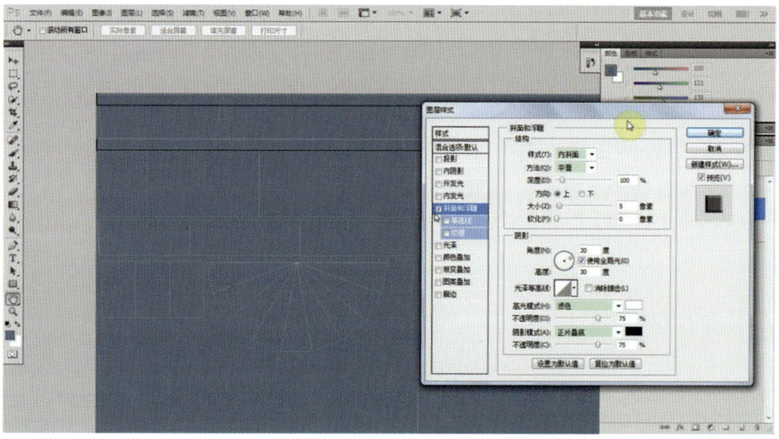

图 3-4-12　勾选“斜面和浮雕”选项

勾选“消除锯齿”项，并将“使用全局光”项取消勾选（见图 3-4-13），避免局部调整时其他部位受影响。将“样式”改为“内斜面”，并调整“深度”值为 490%，“大小”值为 15 像素，并将光源“角度”调整为 117°。用吸管工具吸取图层 1 中的颜色为“高光模式”和“阴影模式”的颜色（见图 3-4-14）。

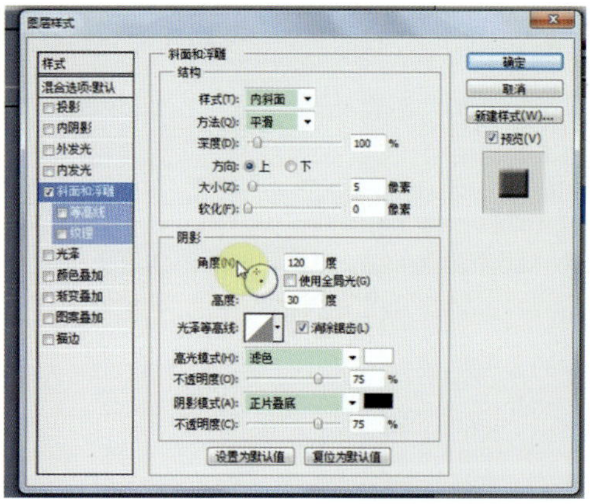

图 3-4-13　将“使用全局光”项取消勾选

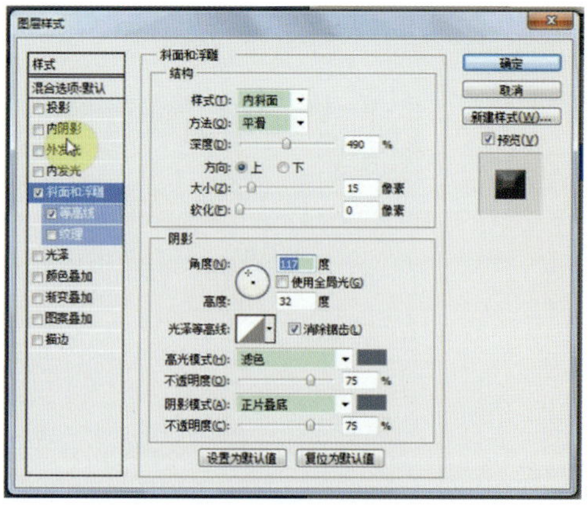

图 3-4-14　设置“高光模式”和“阴影模式”颜色

勾选左侧“混合选项”中的“外发光”来制作阴影（见图 3-4-15）；修改“混合模式”为“正片叠底”，

将色彩改为图层 1 的颜色。将“不透明度”的值设为 51%，将“大小”值设为 49 像素，将“品质”中的“范围”设为 50%，单击“确定”按钮。按“Ctrl+T”组合键把选区两边向外拖曳，使两头的倒角部分不显示在可视区域（见图 3-4-16）。

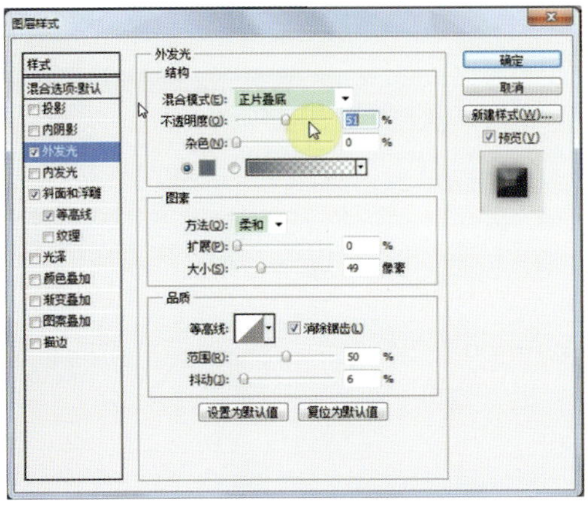

图 3-4-15　勾选“外发光”来制作阴影

图 3-4-16　使倒角部分不显示在可视区域

（4）打开 3ds Max，再打开材质编辑器，选择一个示例球，将在 Photoshop 中制作的贴图载入，并单击赋予场景物体材质按钮，将贴图赋予模型物体（见图 3-4-17）。再次进入 Photoshop 继续制作贴图。打开事先准备好的纹理图片，将其拖曳至贴图中，为了使图片的像素不改变，按“Ctrl+Alt”组合键使用移动工具拖曳复制出多张纹理图片直至全部覆盖贴图，并将图层模式改为“叠加”（见图 3-4-18），“不透明度”改为 72%。

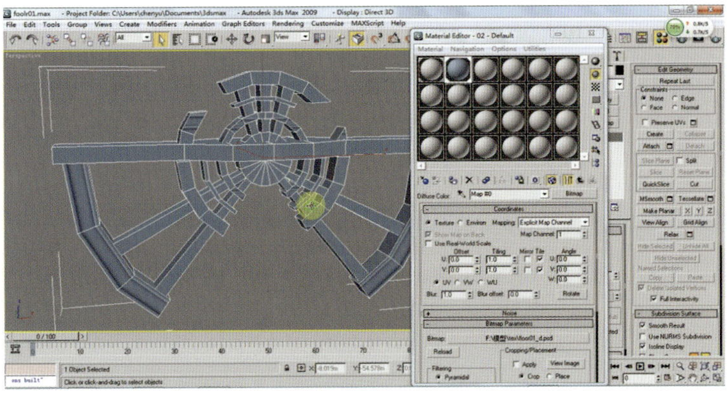

图 3-4-17　将贴图赋予模型物体

图 3-4-18　将图层模式改为“叠加”

之后，使用画笔修复工具将图片的接缝处进行处理，使图片呈现没有接缝的或没有重复的自然纹理状态（见图 3–4–19），处理完毕后按“Ctrl+S”组合键保存，并切换到 3ds Max 中观察其效果（见图 3–4–20）。可见效果比较自然。

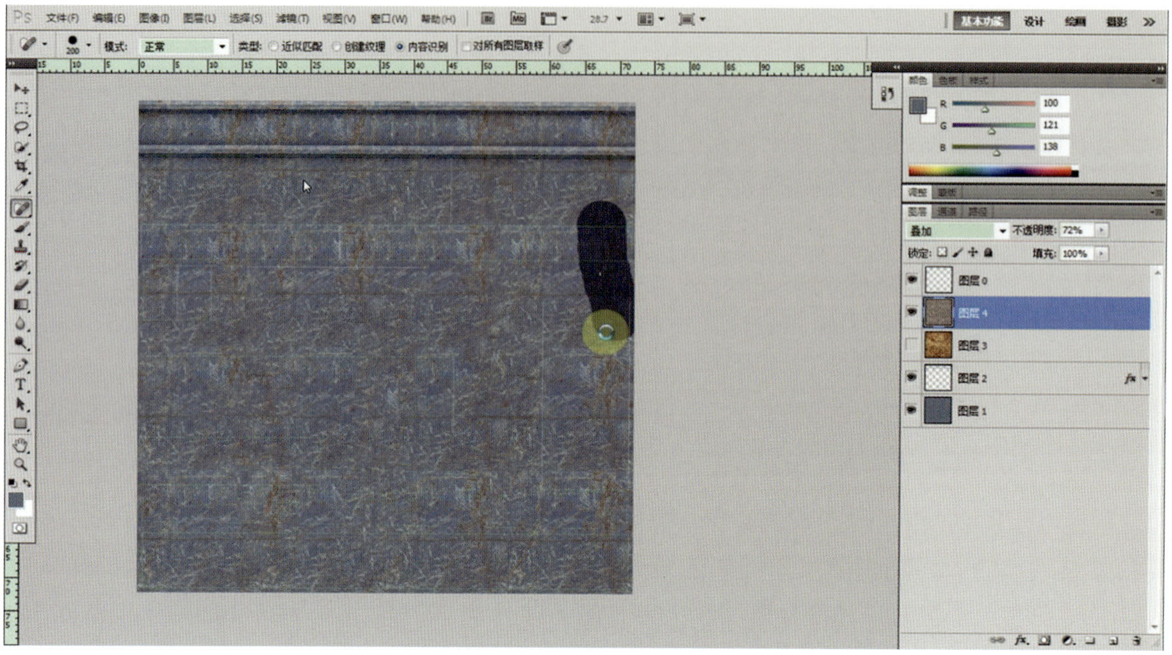

图 3–4–19　使图片呈现自然纹理状态

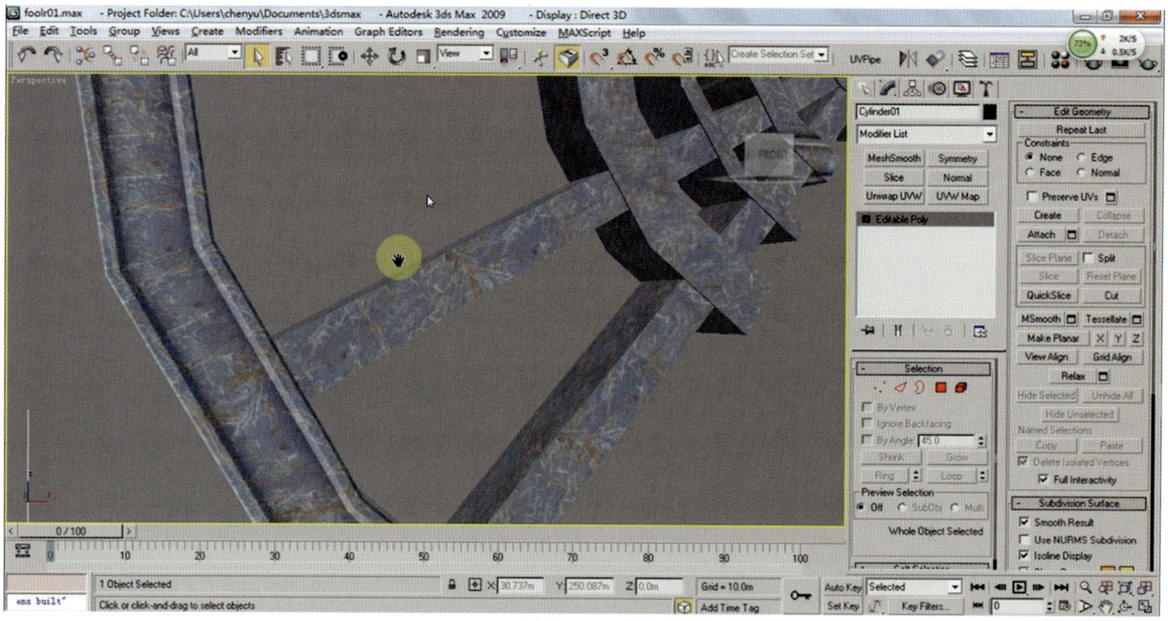

图 3–4–20　到 3ds Max 中观察贴图效果

切换到 Photoshop 中进行色彩调节，单击图层面板选择“色相 / 饱和度”对颜色进行调节，将色相值设为 180，使颜色呈土黄色（见图 3–4–21），选择图层面板下方的色彩调节按钮，选择“色彩平衡”命令（见图 3–4–22），对其色彩进行修改，具体的数值根据感觉进行调节。这里调出一种偏土黄的颜色。再选择曲线色彩调节命令将色彩整体调节为灰黄色调（见图 3–4–23），按“Ctrl+S”组合键保存。切换到 3ds Max 中观察效果。

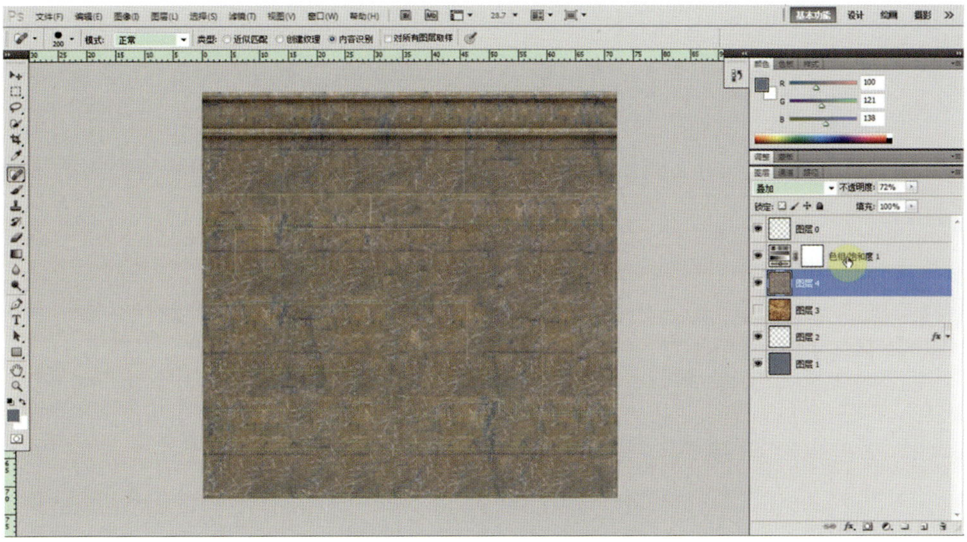

图 3-4-21 使贴图颜色呈土黄色

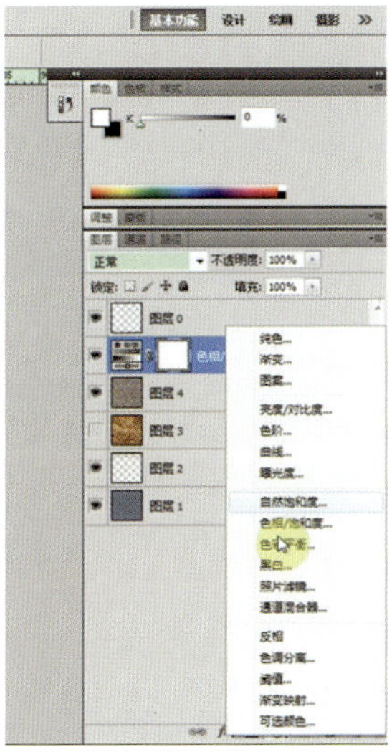

图 3-4-22 选择“色彩平衡”命令

图 3-4-23 将色彩整体调节为灰黄色调

（5）切换到 Photoshop 中选择图层 1，选择方形套索工具在贴图上拉出一方形，按“Ctrl+J”组合键复制出选中区域，使之为单独一层（图层 5）并进行编辑。双击图层 5，弹出“图层样式”对话框，选择左侧“内发光”选项，将“混合模式”改为“正片叠底”，具体的数值根据效果调试，效果如图 3–4–24 所示。制作完毕后，按“Ctrl+Alt”组合键配合移动工具复制出其他部分，按“Ctrl+S”组合键保存。切换到 3ds Max 中观看效果（见图 3–4–25）。

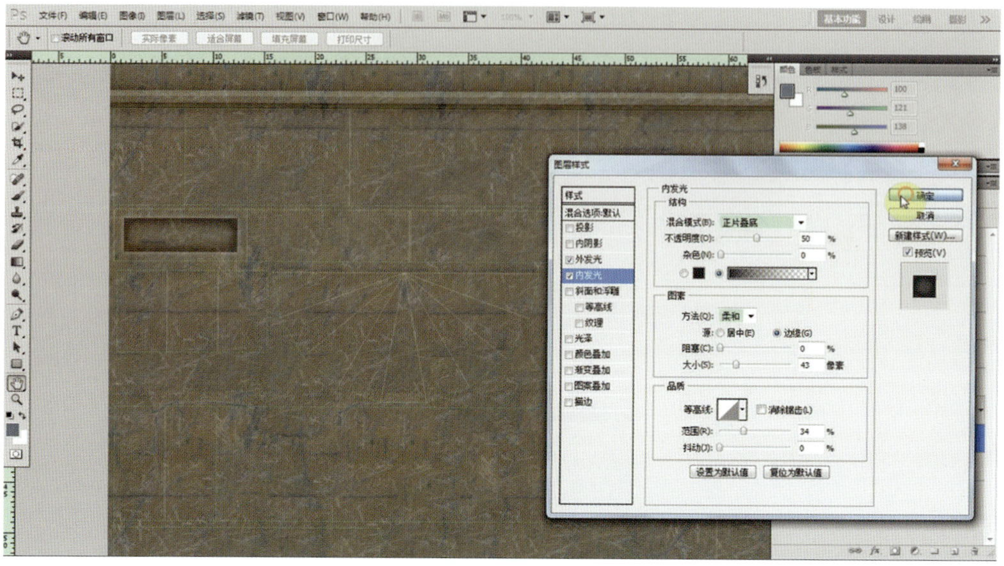

图 3–4–24　效果

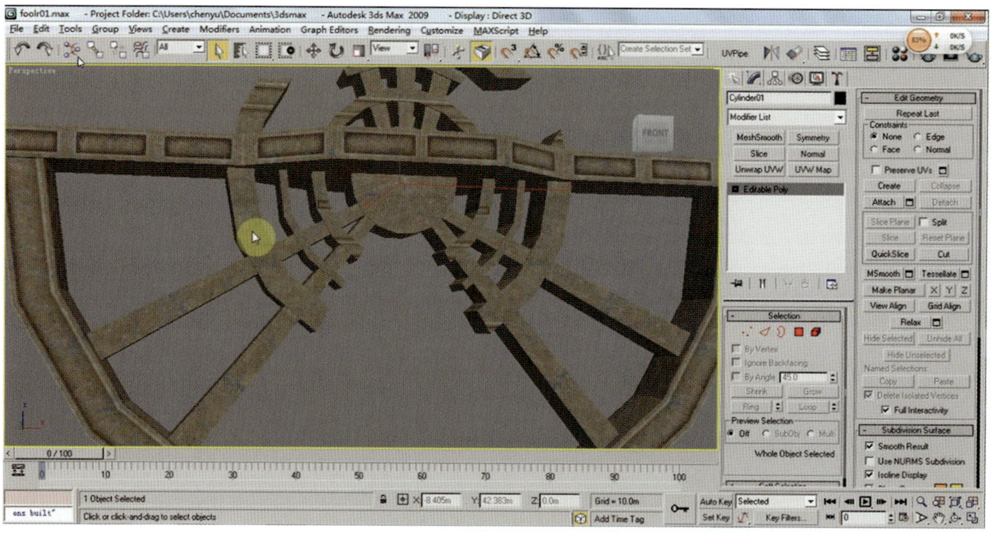

图 3–4–25　切换到 3ds Max 中观看效果

（6）继续制作其他部分的贴图效果。选择图层 1 使用方形套索工具在视图中拖拉出一个方形编辑区域，按 Shift 键加选，再拉出一个方形区域（见图 3–4–26），按“Ctrl+J”组合键将选区复制为单独一层（图层 6），由于图层 6 要制作的效果和图层 2 大体相同，所以可选择图层 2，单击右键，选择“拷贝图层样式”，将图层 2 编辑好的样式复制下来（见图 3–4–27）。

选择图层 6，单击右键选择“粘贴图层样式”。这时，图层 2 的样式就被粘贴到图层 6 里面了，按“Ctrl+T”组合键调出自由变换命令并向左右拖曳图层 2 的样式使其变为无接缝样式（见图 3–4–28），按“Ctrl+S”组合键保存并切换到 3ds Max 中观看效果。制作步骤请扫描二维码下载观看，这里就不再赘述。

图 3-4-26 选中两个方形区域

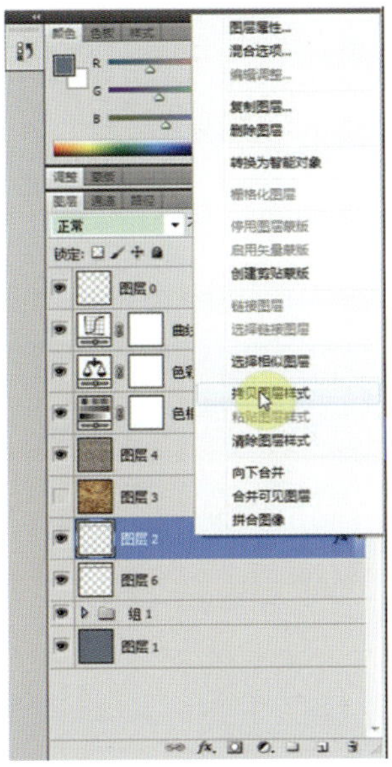

图 3-4-27 复制图层 2 样式

图 3-4-28 无接缝样式

（7）制作平台贴图效果。使用方形套索工具框选平台部分（见图 3–4–29）。

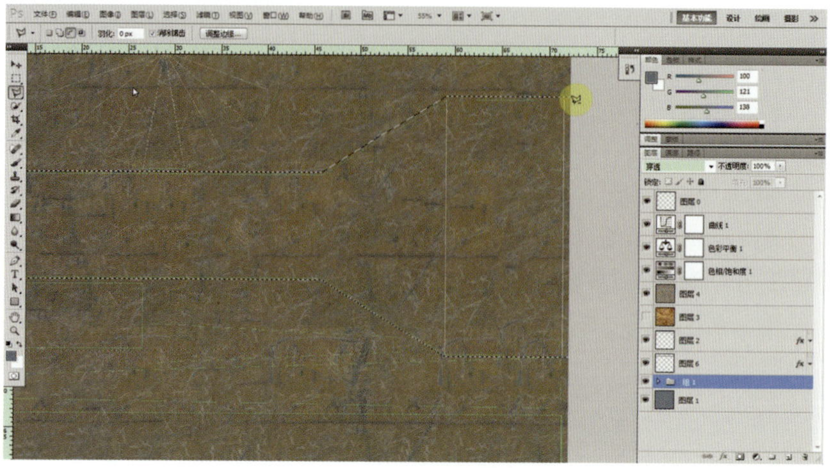

图 3–4–29　框选平台部分

按住 Alt 键，继续在选框的内部按一定的间距拖拉，最后呈现边框状选区（见图 3–4–30）。注意：这里按住 Alt 键使用方形套索工具在已有选区中拖拉是减选命令。切换到图层 1，按“Ctrl+J”组合键将选中内容复制为图层 7，单击右键选择“粘贴图层样式”，将前面复制的图层 2 的图层样式粘贴到图层 7 中（见图 3–4–31）。

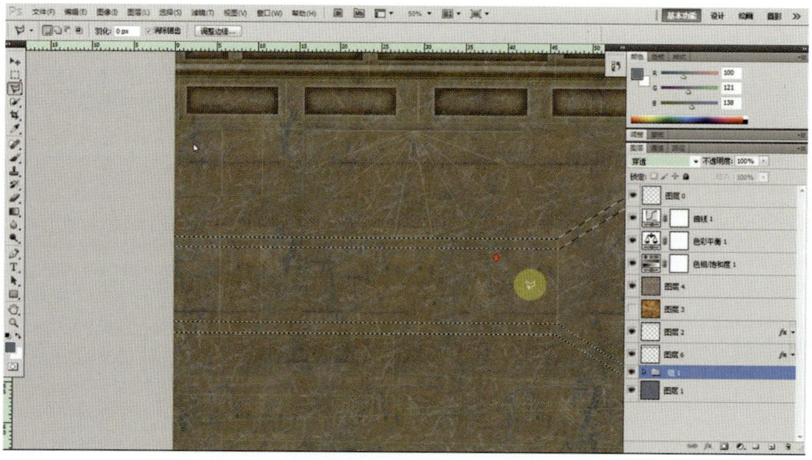

图 3–4–30　边框状选区

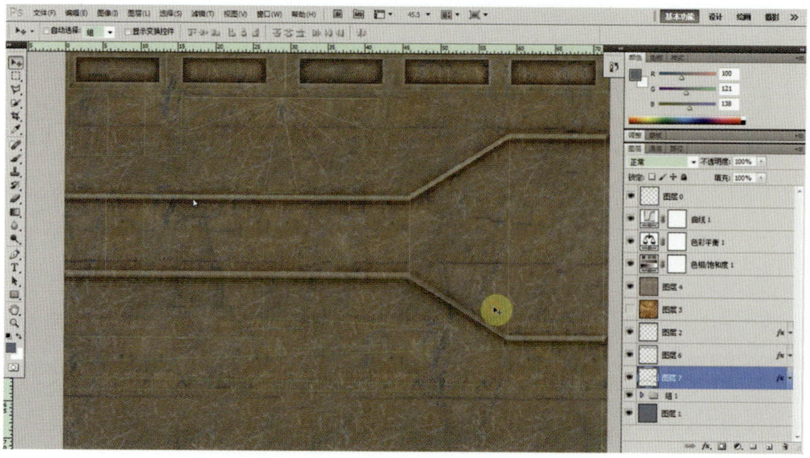

图 3–4–31　将图层 2 的样式粘贴到图层 7 中

双击图层 7，调出“图层样式”对话框，勾选“斜面和浮雕”选项（见图 3-4-32），将“样式”改为“外斜面”，将“深度”值改为 184%，“大小”为 3 像素，把“方法”改为“雕刻清晰”（见图 3-4-33），对外发光参数进行调节，“大小”值修改为 40 像素，“不透明度”修改为 74%，单击确定。

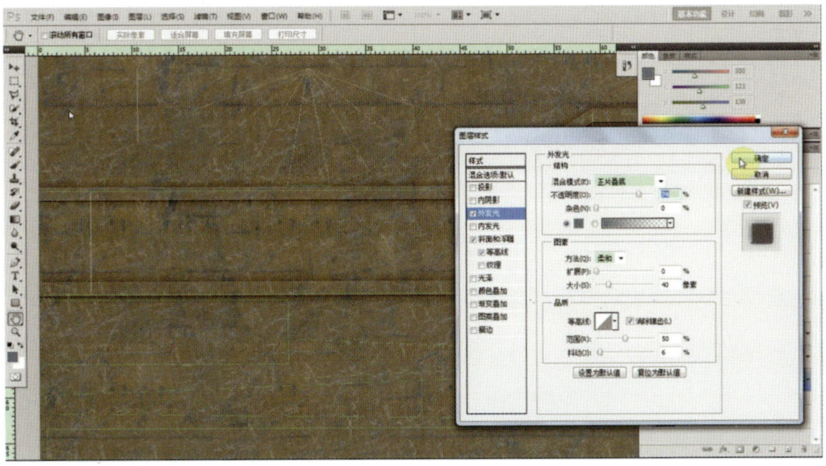

图 3-4-32　勾选“斜面和浮雕”

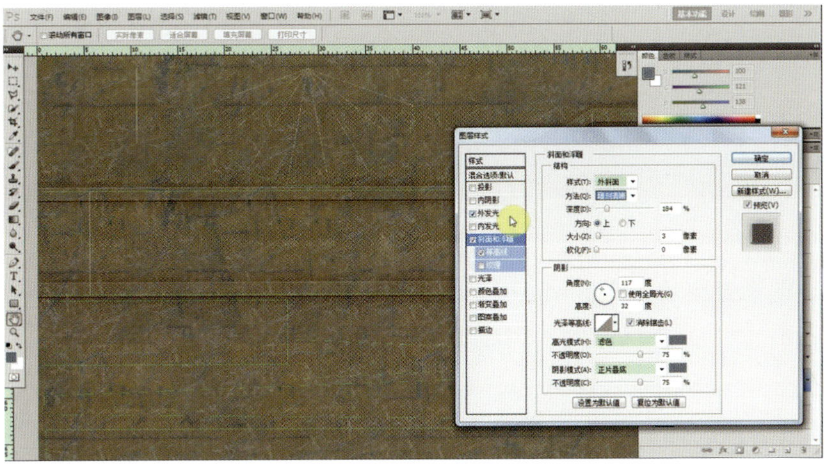

图 3-4-33　“斜面和浮雕”参数调节

复制图层 5 和图层 2 中内嵌和凸出的效果到其他下陷部位和凸出部位（见图 3-4-34）。

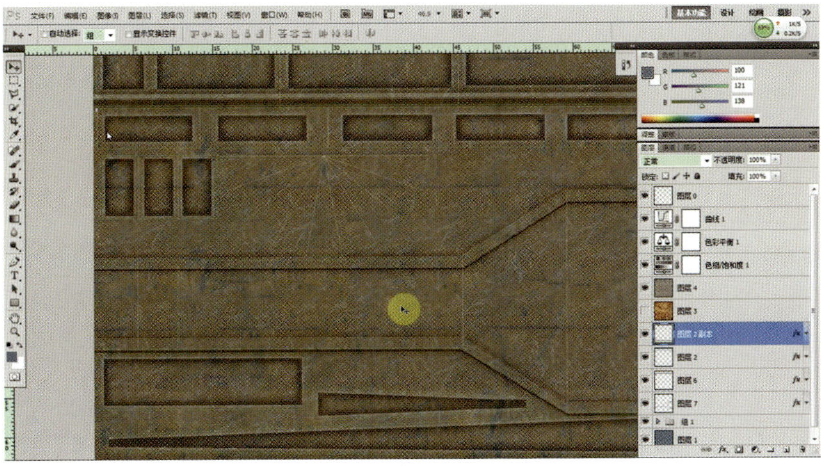

图 3-4-34　复制图层 5 和图层 2 中内嵌和凸出的效果

（8）将视图中的半圆形用方形套索工具框选后，选择图层 1 按“Ctrl+J”组合键复制出图层 8，按 Alt 键将上面部分切除，按“Ctrl+J”组合键复制出图层 9，并将图层 9 拖至图层 8 的上方，按“Ctrl+T”组合键将图层 9 缩小至一定比例的大小，点选图层面板下方的色彩调整按钮，选择曲线调节命令将色彩变暗，将鼠标移至曲线调节层和图层 9 之间，按 Alt 键使图层 9 效果过滤到图层 8 之上，制作出凹陷效果（见图 3-4-35）。

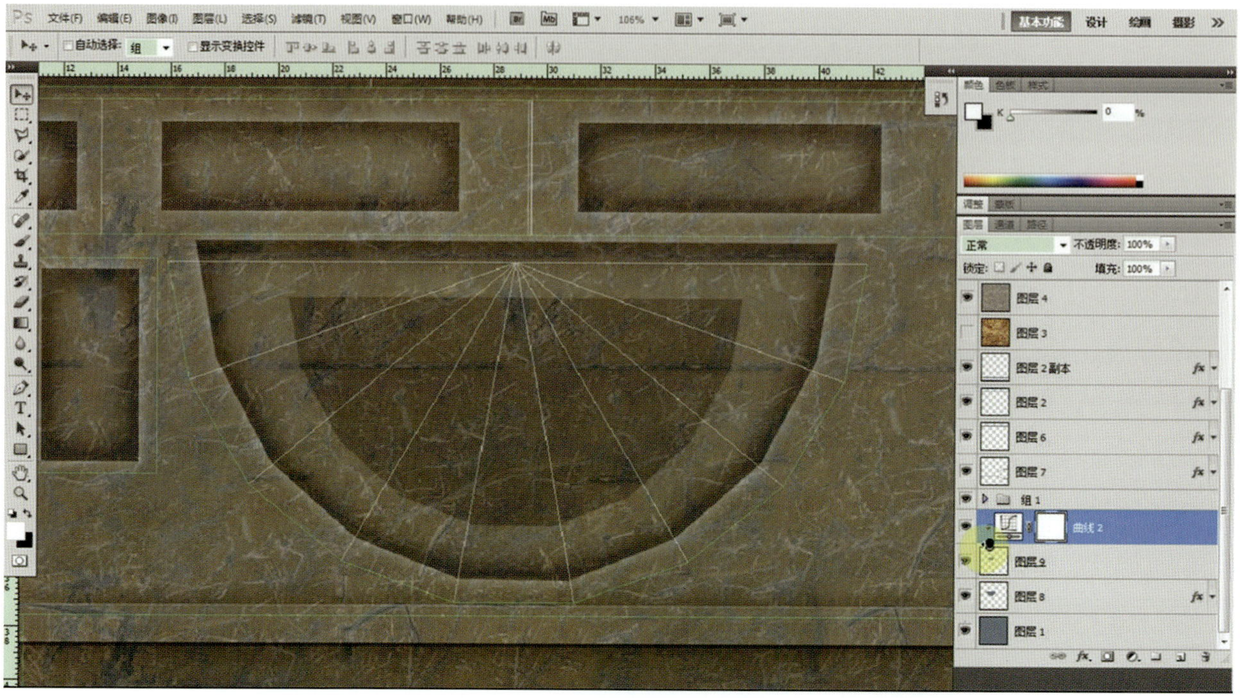

图 3-4-35　制作出凹陷效果

切换到 3ds Max 中观看效果（见图 3-4-36），并打开 UVW 编辑面板，将散落在有效区域外面的 UV 拼到有效区域中（见图 3-4-37）。具体操作请扫描二维码下载观看。

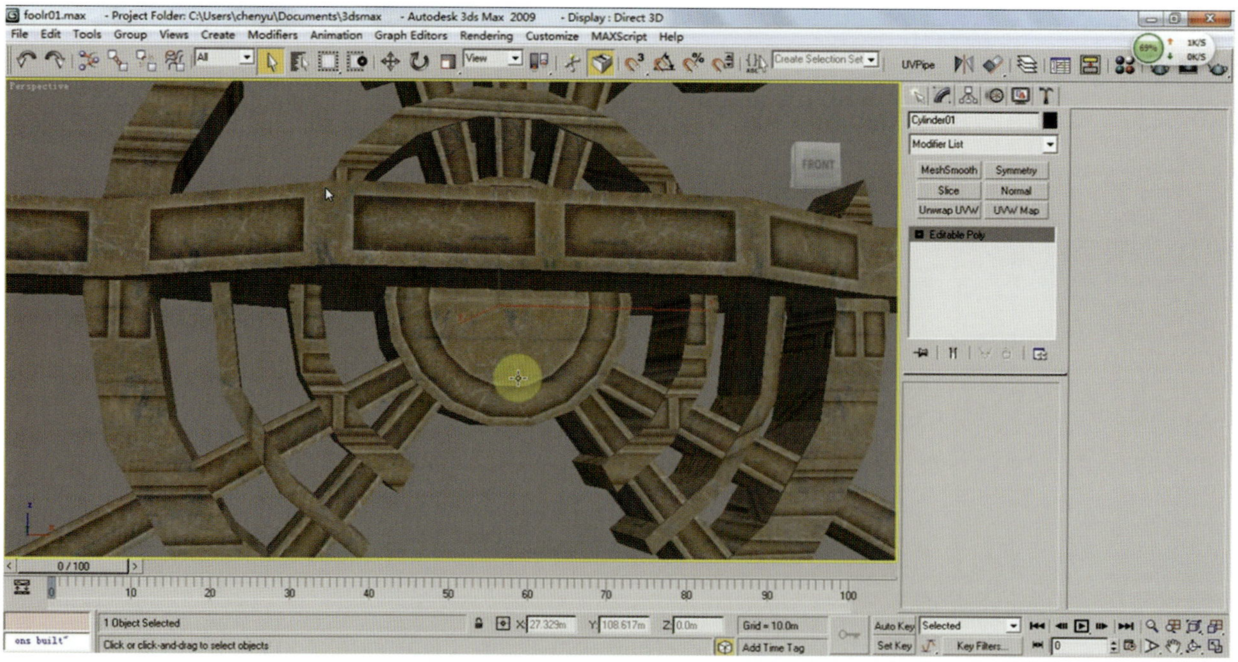

图 3-4-36　切换到 3ds Max 中观看效果

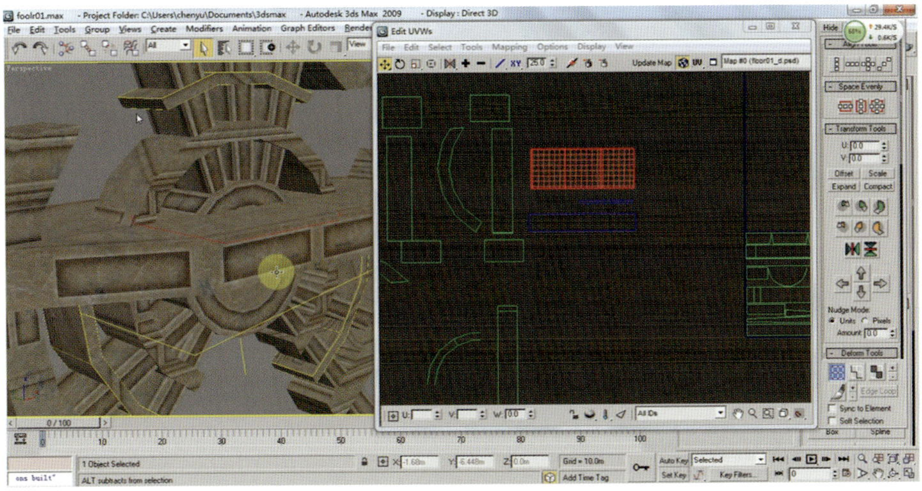

图 3-4-37 将有效区域外的 UV 拼到有效区域中

（9）将其他图片和贴图进行合成（见图 3-4-38）。选择一张事先准备好的图片拖曳至贴图上方，自动生成图层 10，再复制出图层 10 的一个副本，选择图层 10 副本将其图层模式修改为“深色”（见图 3-4-39）。

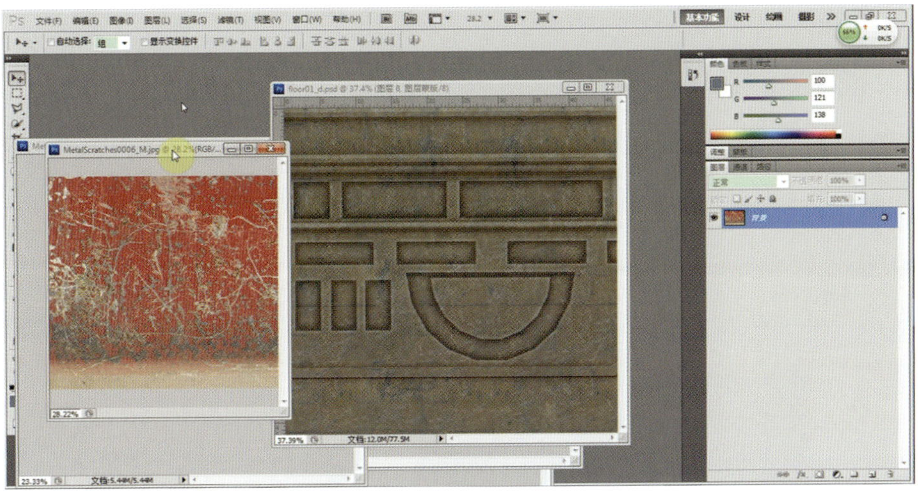

图 3-4-38 将其他图片和贴图进行合成

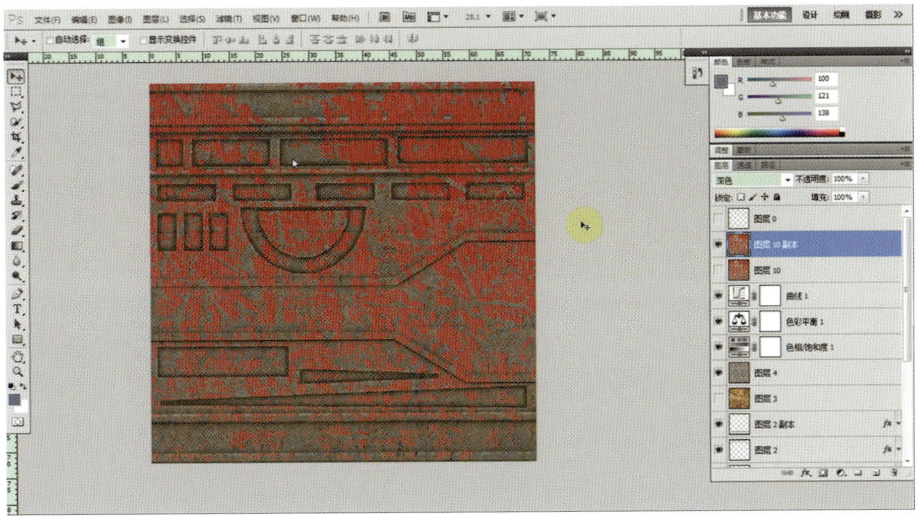

图 3-4-39 将图层 10 副本的图层模式修改为“深色”

按“Ctrl+U”组合键调出“色相/饱和度”面板，将色相值改为38，明度值改为 -29（见图3-4-40），将图层不透明度改为30%。选择图层10将图层模式改为“颜色加深”，按“Ctrl+U”组合键调出“色相/饱和度”面板，将色相值调整为67（见图3-4-41）。

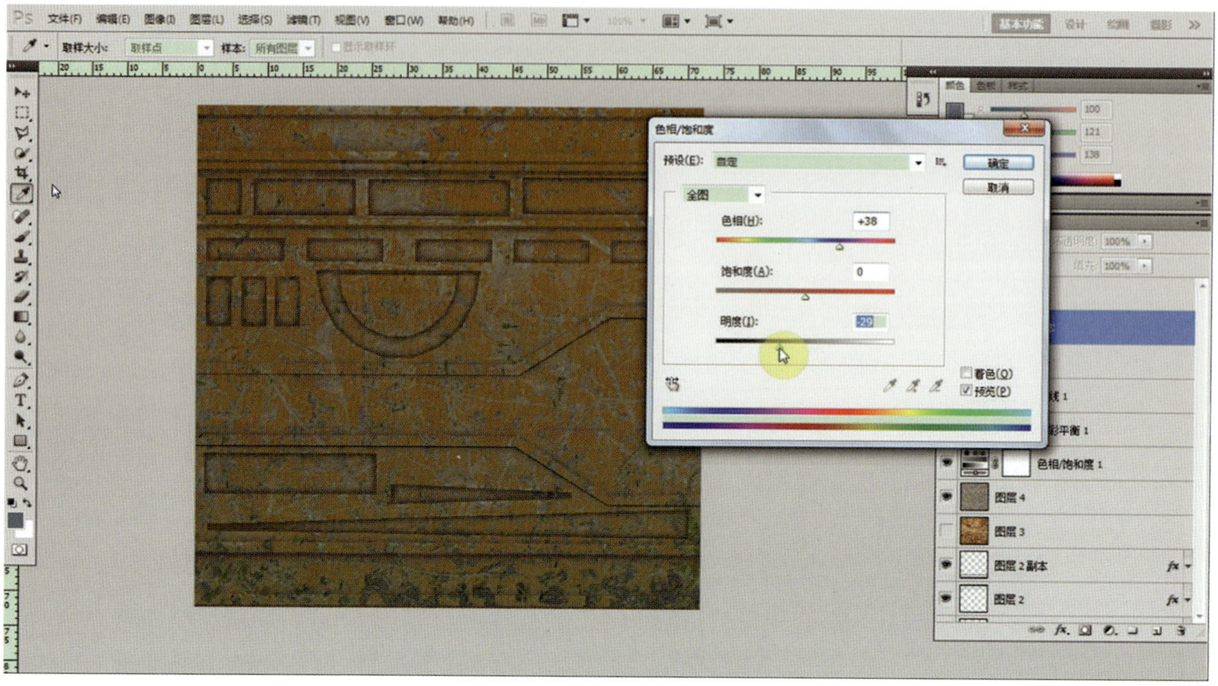

图 3-4-40　调整色相值和明度值

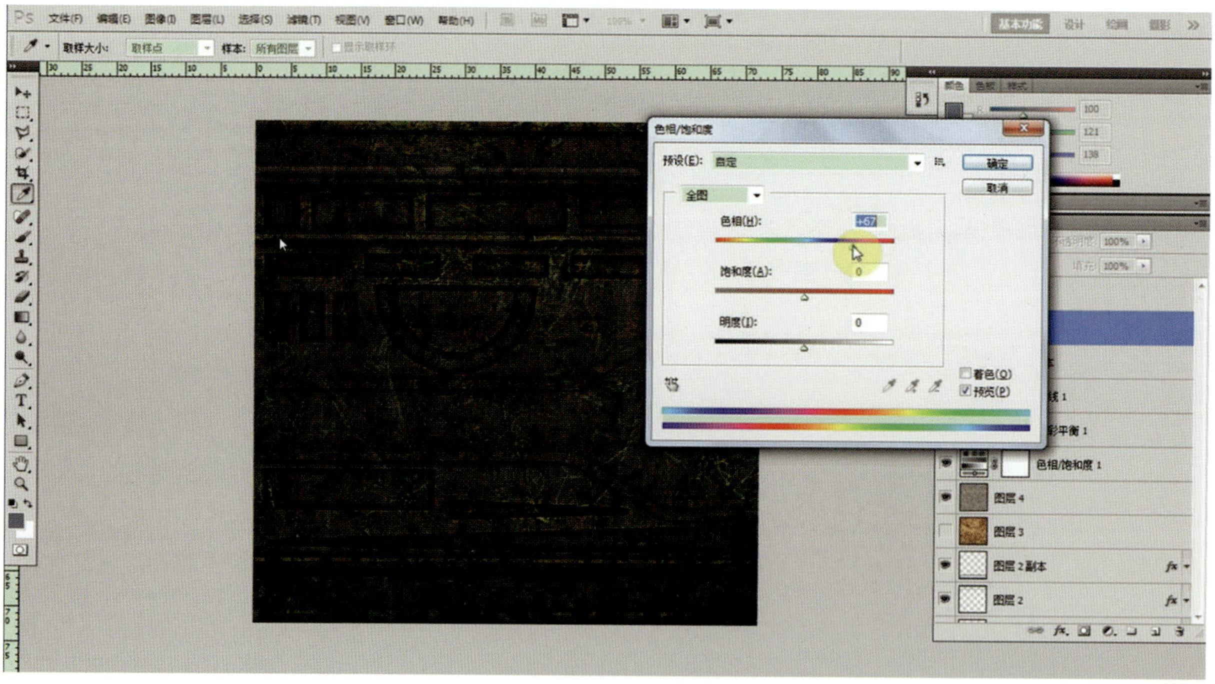

图 3-4-41　将色相值调整为 67

将其他图片叠加到贴图上，制作斑驳效果，并用画笔工具进行勾线，把外凸部分的高光勾画出来。再使用手绘板对边角部分进行修饰，使受光部位更光滑（见图3-4-42）。使用画笔工具画一些破损图案来增强其自然效果（见图3-4-43）。

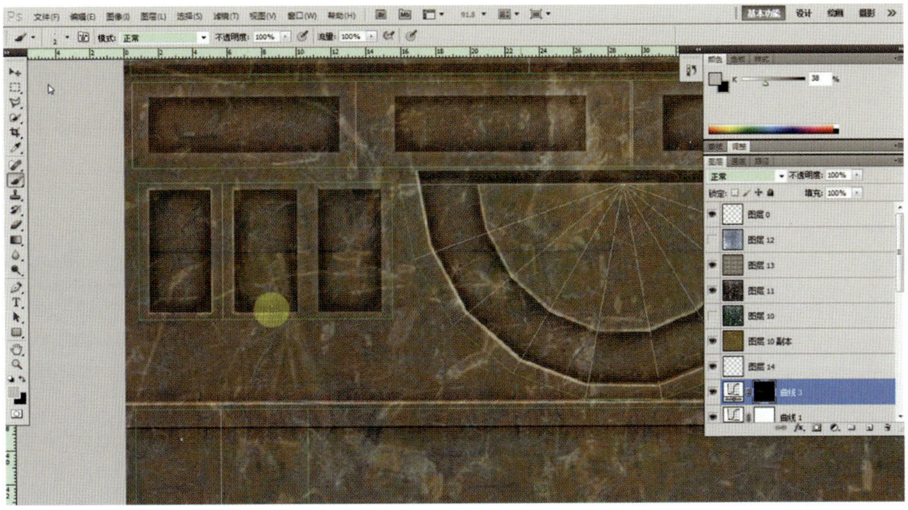

图 3-4-42　使受光部位更光滑

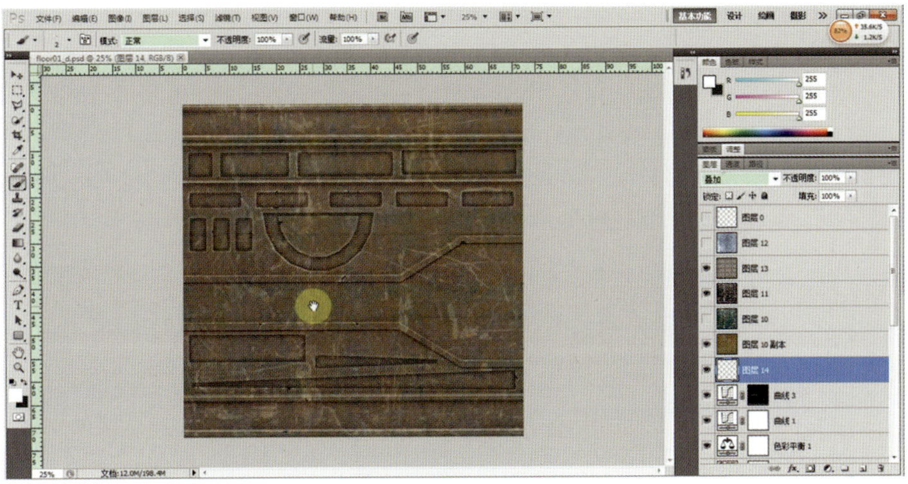

图 3-4-43　画破损图案增强自然效果

（10）将制作好的贴图执行滤镜操作，选择“NVIDIA Tools”的子命令“NormalMapFilter”，进行法线贴图制作（见图 3-4-44），最终效果如图 3-4-45 所示。

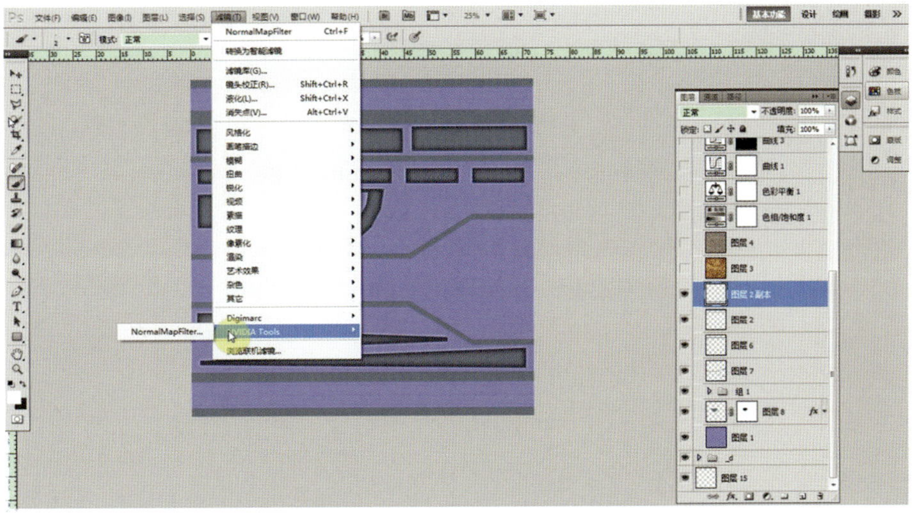

图 3-4-44　制作法线贴图

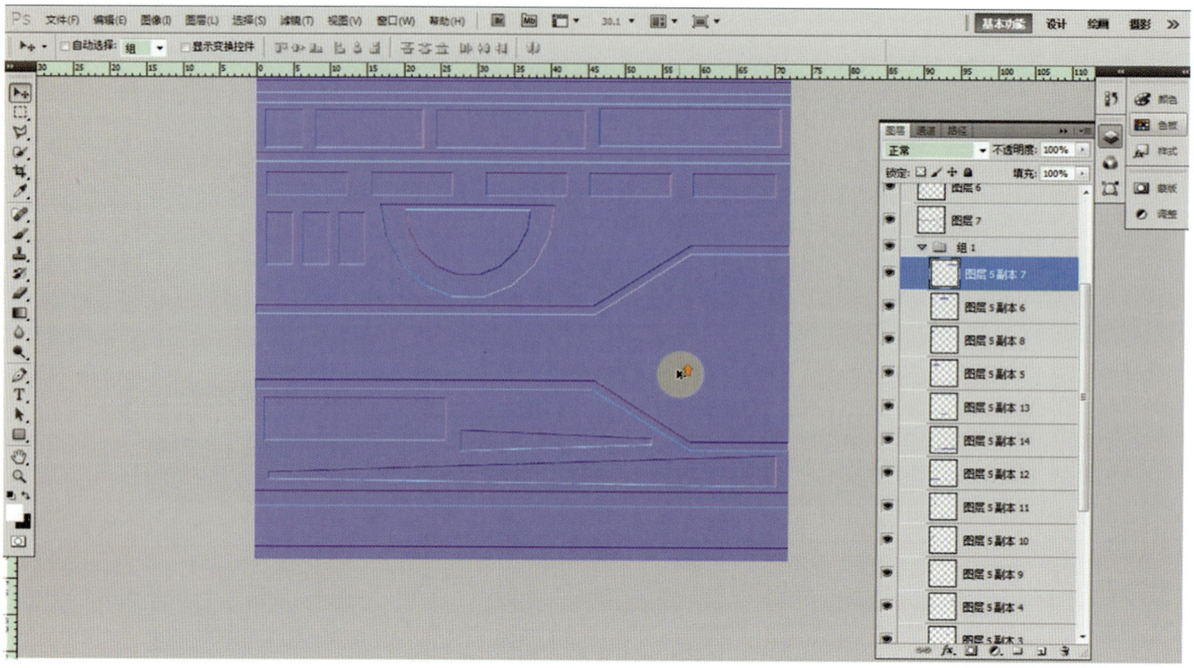

图 3-4-45　最终效果

将法线贴图另存为 dds 格式，在弹出的法线贴图格式设定对话框中，要确保为“DXT1 RGB 4 bpp | no alpha”，即为无通道格式，以备后用，如图 3-4-46 所示。

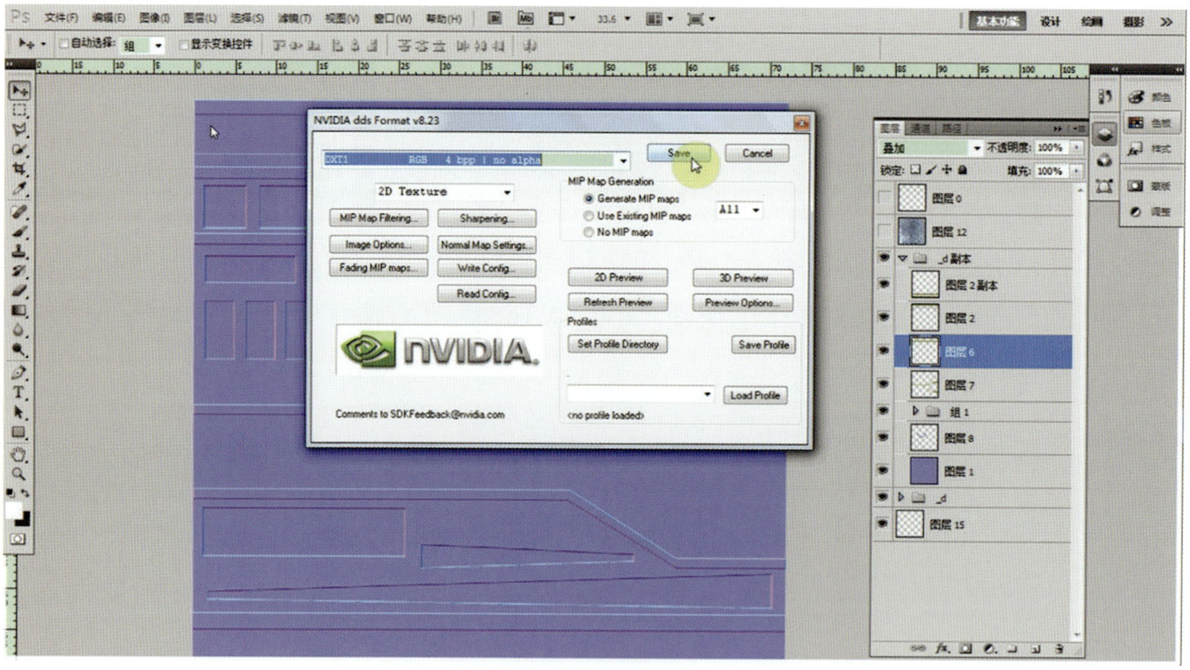

图 3-4-46　设定法线贴图为无通道格式

第五节 高光贴图制作

（1）将贴图分组，单击图层面板下方的色彩调节按钮，选择“色阶 1”命令，拖动黑、白、灰滑块，将其他部分调暗，将较亮部分调亮（见图 3–5–1）。再选择曲线命令将曲线调为 S 形，突出高亮部分（见图 3–5–2）。

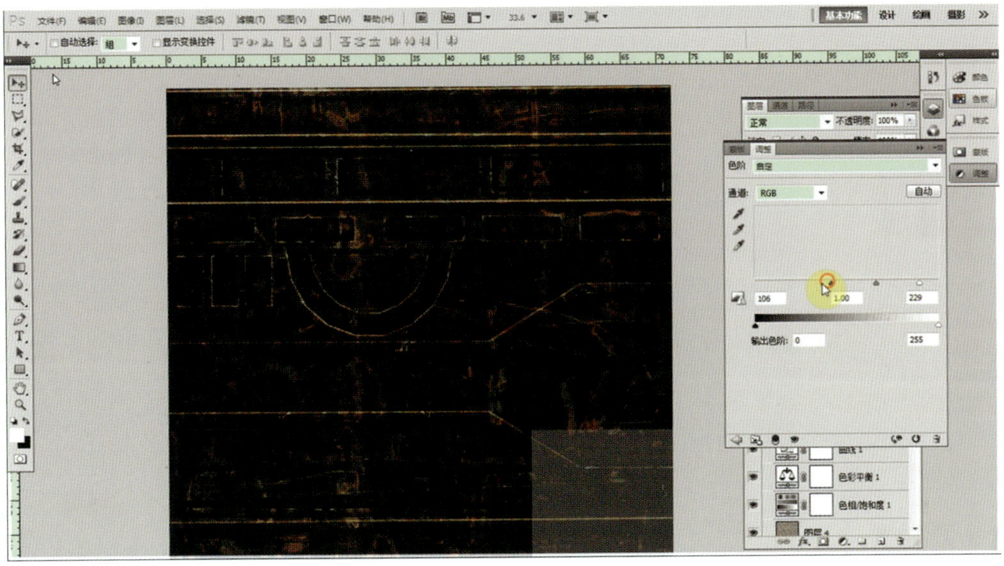

图 3–5–1 将较亮部分调亮

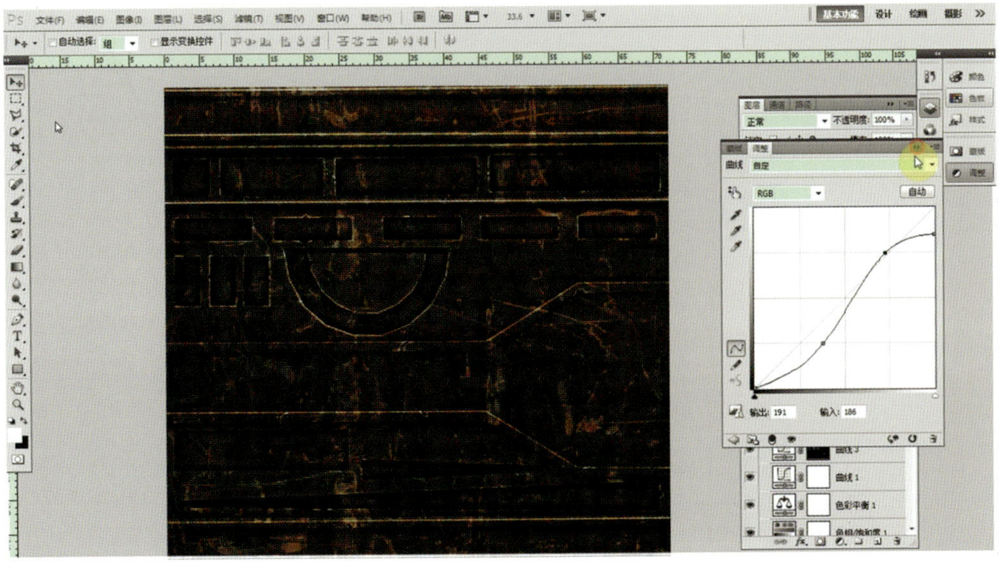

图 3–5–2 突出高亮部分

设置“色相/饱和度”为“自定”，将色相调为156，饱和度调为 -74，贴图被调为较为蓝冷的颜色（见图3-5-3），再选择自然饱和度命令，将“自然饱和度”值调为77，“饱和度”值调为 -30（见图3-5-4）。

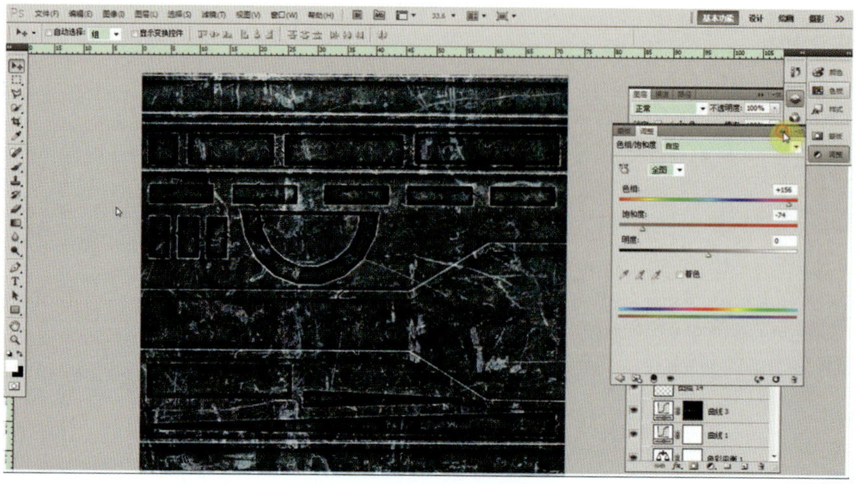

图 3-5-3　贴图被调为蓝冷的颜色

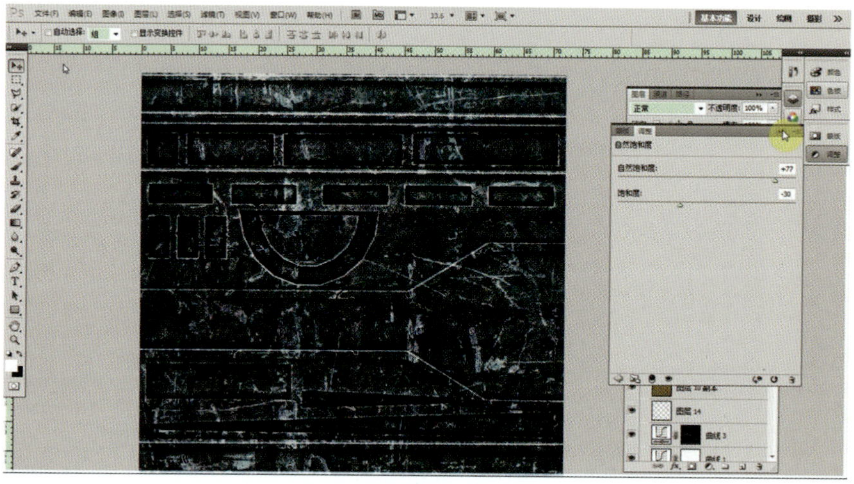

图 3-5-4　调整“自然饱和度”和“饱和度”

选择“亮度/对比度”命令，调节亮度为 -11，对比度为72，使贴图的对比度强一些（见图3-5-5）。

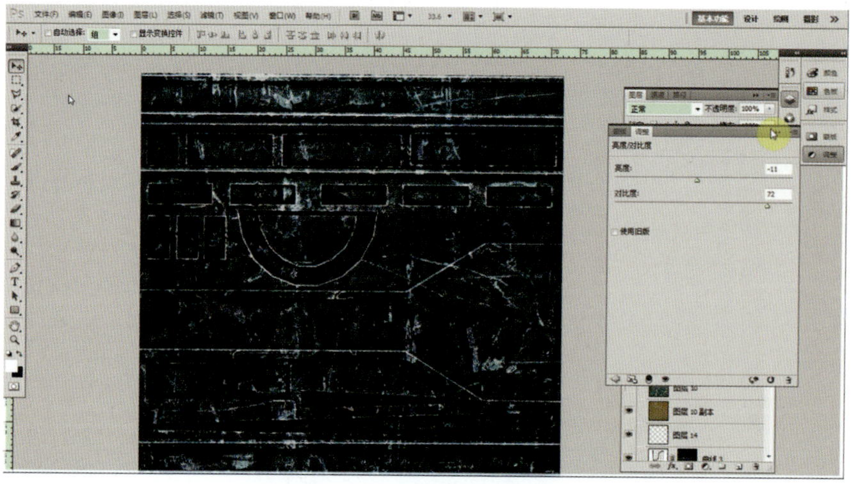

图 3-5-5　使贴图的对比度强一些

（2）将贴图组复制成另一个组，选择“滤镜”菜单—“锐化”—“智能锐化”，将“半径”值设为 0.8 像素，单击“确定”结束，再选择“滤镜”菜单—“锐化”的子菜单“USM 锐化”，将“数量”值调为 61%，“半径”值调为 0.7 像素（见图 3-5-6），保存为 dds 格式文件。

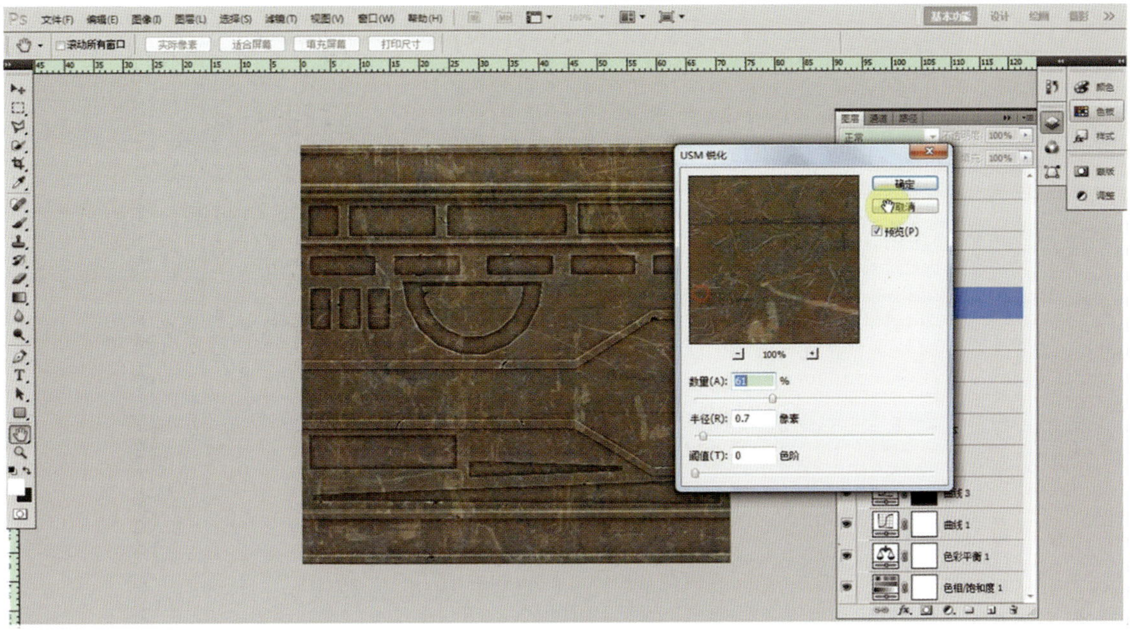

图 3-5-6　调“数量”值和“半径”值

（3）打开 3ds Max，再打开材质编辑器，选择一个示例球，单击“Standard”（标准材质）按钮，在弹出的对话框中选择“DirectX Shader”（见图 3-5-7），在弹出的对话框中选缺省项，单击“OK”（见图 3-5-8）。

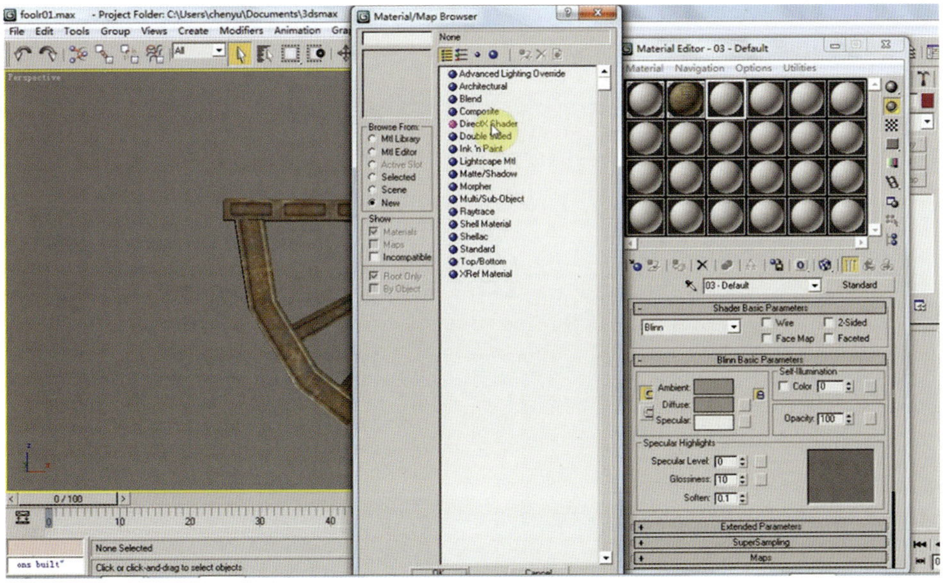

图 3-5-7　选择“DirectX Shader”

图 3-5-8　选缺省值，单击“OK”

载入“StandardFX.fx”（标准感光材质），材质编辑器的下方会出现多项编辑列，在其中勾选“Specular Enable”（产生高光）和“Normal Enable”（见图 3-5-9），之后单击所勾选两项的相关“None”长按钮，将存储的高光贴图和法线贴图分别载入（见图 3-5-10），单击赋予场景材质按钮将材质赋予模型。

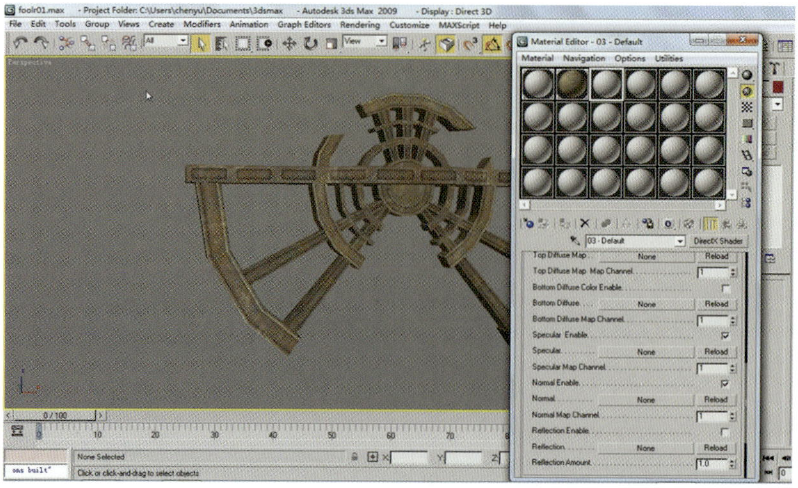

图 3-5-9　勾选选项

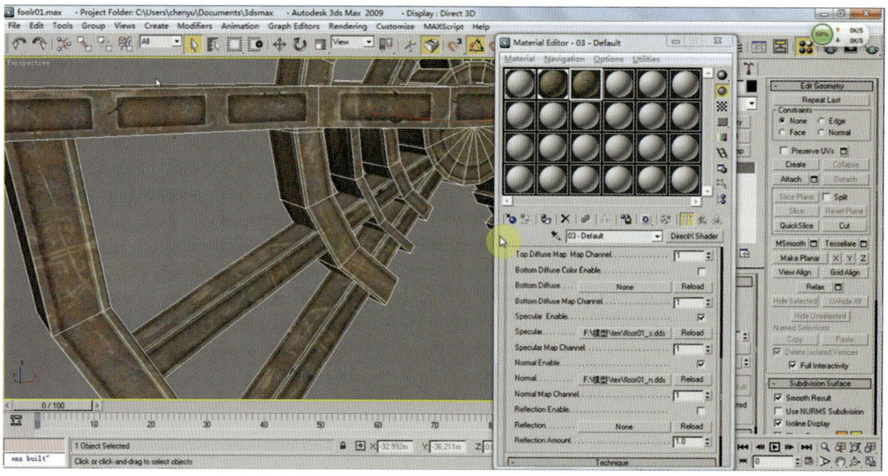

图 3-5-10　载入贴图

将“Specular Power”（高光等级）调为 40（见图 3-5-11），单击“Specular”右面的色块，将其改为一个蓝色块（见图 3-5-12），使贴图感蓝光。对比高模和低模的效果，可以看到，低模利用贴图制作出了和高模一样的细节效果。

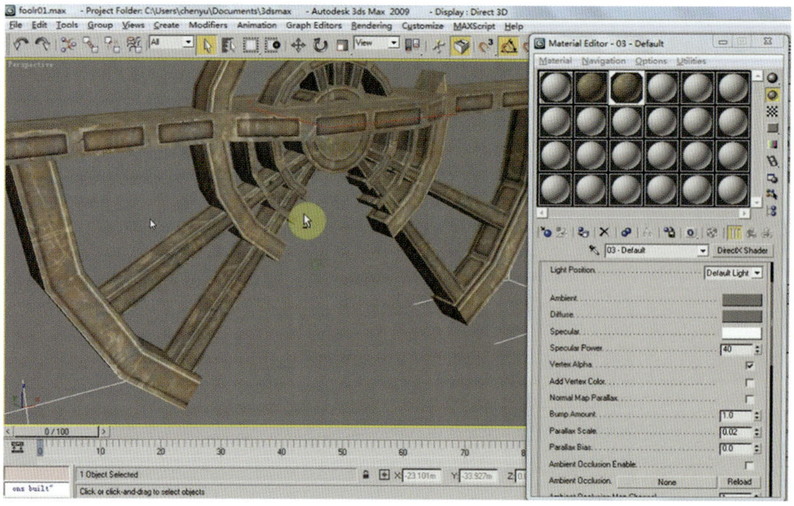

图 3-5-11　调“Specular Power”

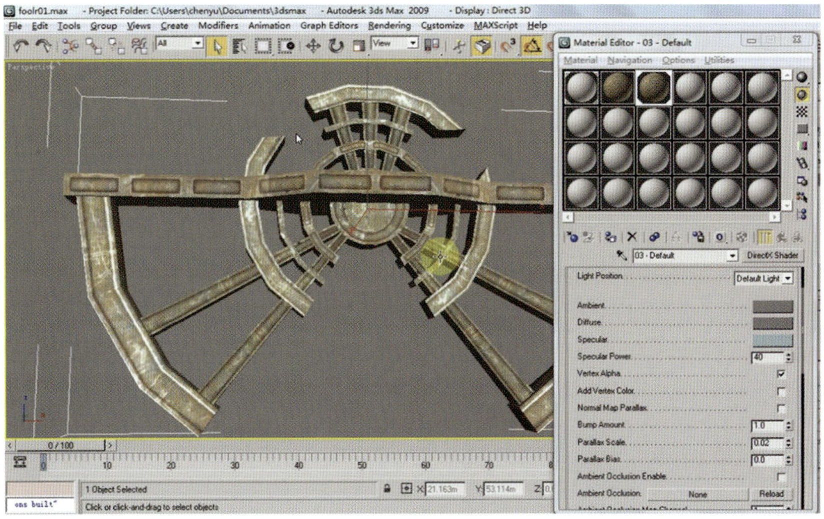

图 3–5–12　修改“Specular ”右面色块

（4）对贴图进行压缩，打开前面制作好的三张贴图，选择色彩贴图，在图像菜单中选择“图像大小”，弹出对话框（见图 3–5–13），将“宽度”值和“高度”值输入为“1800”（1800 和 2048 较为接近，且是 900 的 2 倍），单击“确定”（见图 3–5–14）。

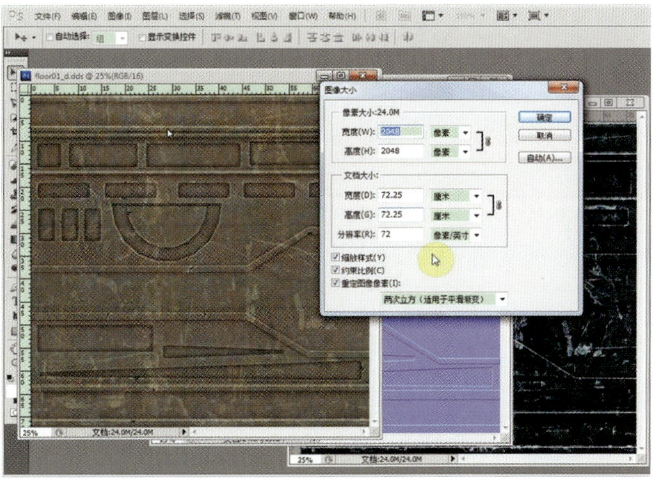

图 3–5–13　“图像大小”对话框

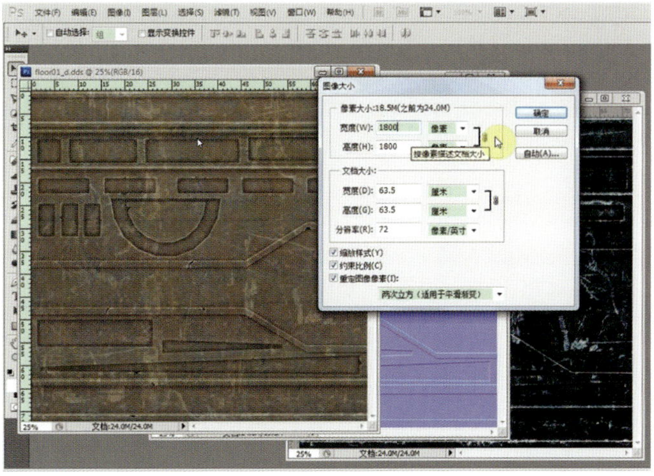

图 3–5–14　输入“宽度”值和“高度”值

重新调出“图像大小”对话框，在对话框下方选择“邻近（保留硬边缘）”，在“宽度”与“高度”右边分别输入“1024”（见图 3-5-15），这样可以最大化地保证细节。将另外两张贴图也进行同样的压缩，并将其保存。回到 3ds Max 中可见，尽管贴图被压缩了，但细节依然保留下来了（见图 3-5-16）。

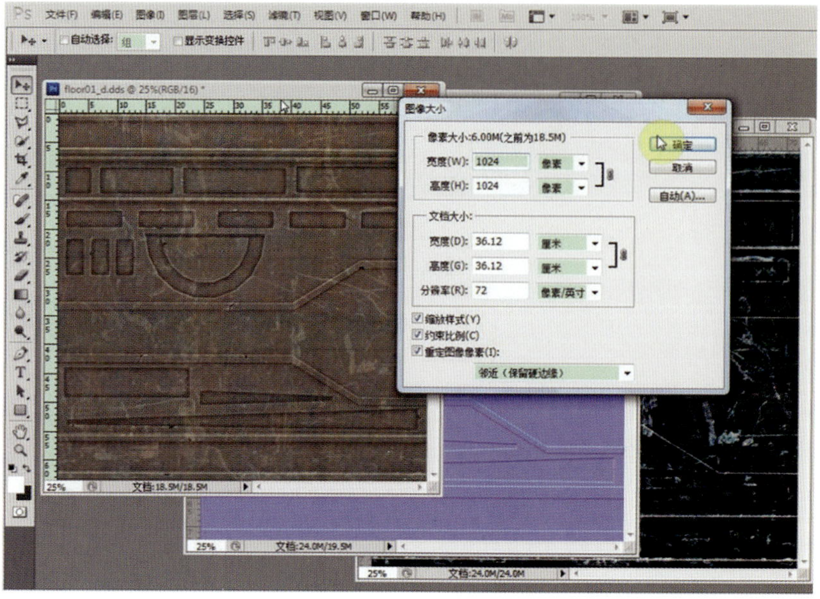

图 3-5-15　设置“宽度”与“高度”为“1024”

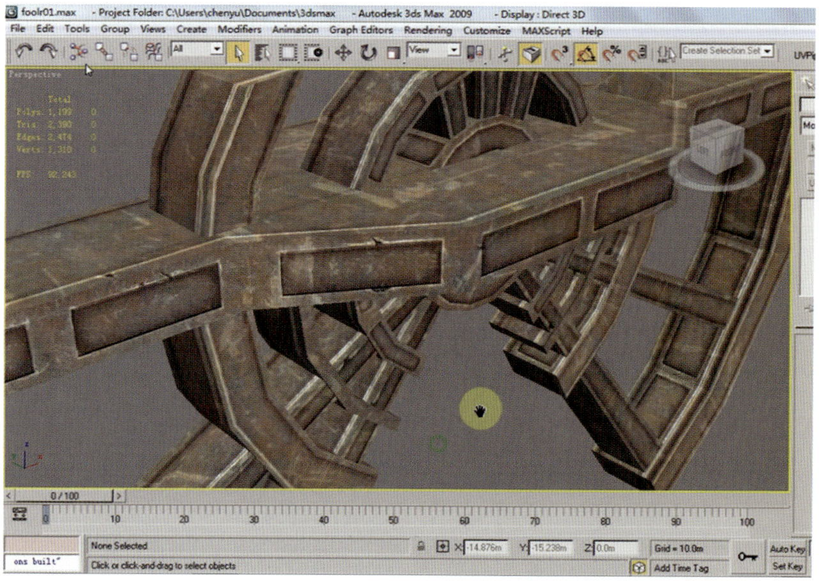

图 3-5-16　在 3ds Max 中可见细节保留效果

3ds Max Youxi Changjing Zhizuo

第四章

进 阶 篇

在本章中，通过一个完整的建筑模型示例来学习环境阴影（ambient occlusion，AO）贴图的制作。AO贴图的工作原理就是渲染出边缘阴影来提高物体转角处的清晰度。

第一节　建筑模型制作

（1）打开3ds Max软件，并打开一个事先制作好的建筑模型进行观察、分析，认识建筑的结构后开始制作（见图4–1–1）。按T键将视图切换为顶视图，按住Ctrl键同时单击右键，这时系统会自动切换到建立面板，选择“Box”（见图4–1–2）。

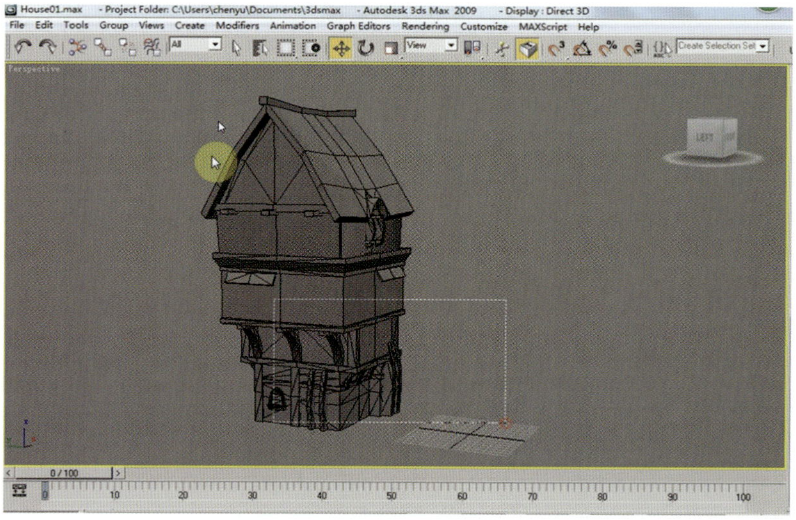

图4–1–1　打开建筑模型并观察、分析，认识建筑结构

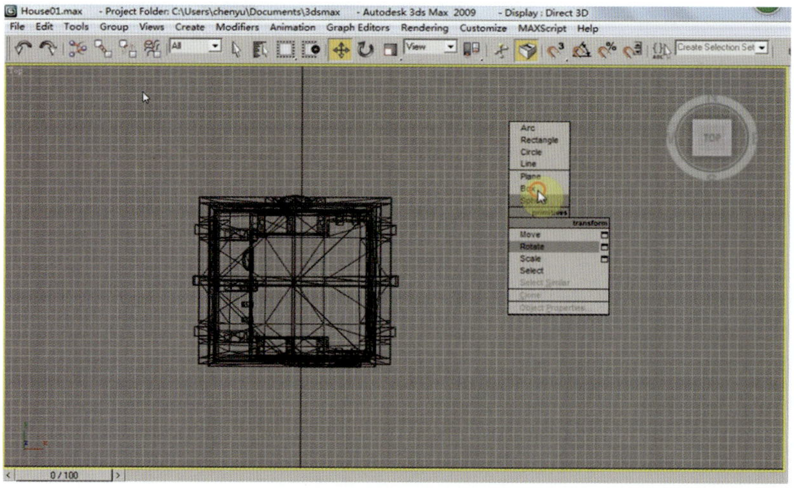

图4–1–2　建立面板上选择“Box”

在顶视图中拖曳出一个方形盒子，按 P 键将视图切换为透视图，单击右键选择“Convert to Editable Poly”将其转换为可编辑的多边形（见图 4–1–3），按 5 键切换到元素编辑操作模式，按 Shift 键使用移动工具向上拖曳出一个新的模型（见图 4–1–4）。

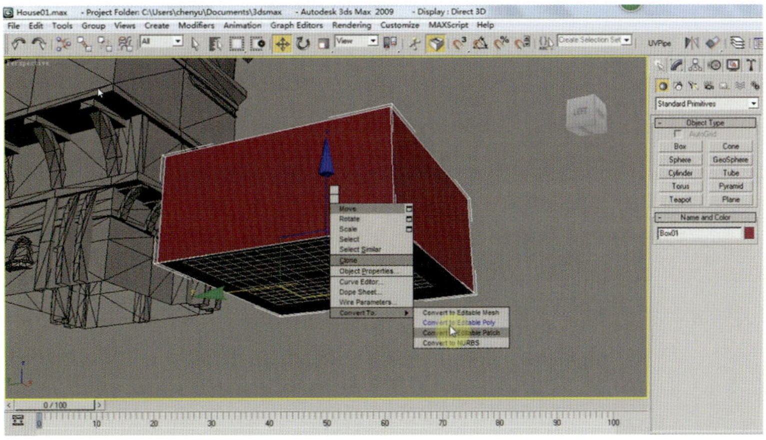

图 4–1–3　将盒子转换为可编辑的多边形

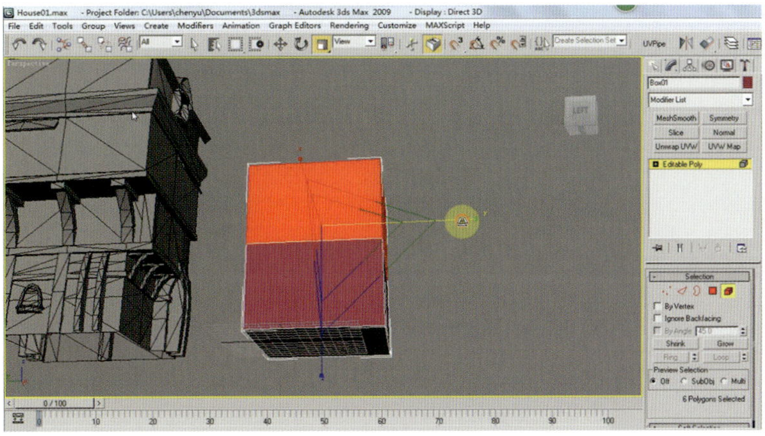

图 4–1–4　拖曳出新的模型

按 R 键切换为缩放工具，对新复制出的模型进行缩放操作（见图 4–1–5），根据示例建筑模型，再次复制出其他的模型（楼层），并按照示例，将建筑外观大体拖曳出来（见图 4–1–6）。

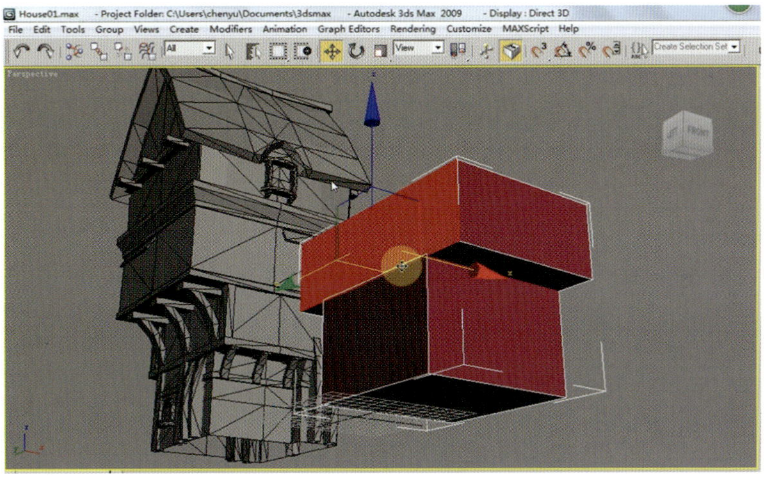

图 4–1–5　对新复制出的模型进行缩放操作

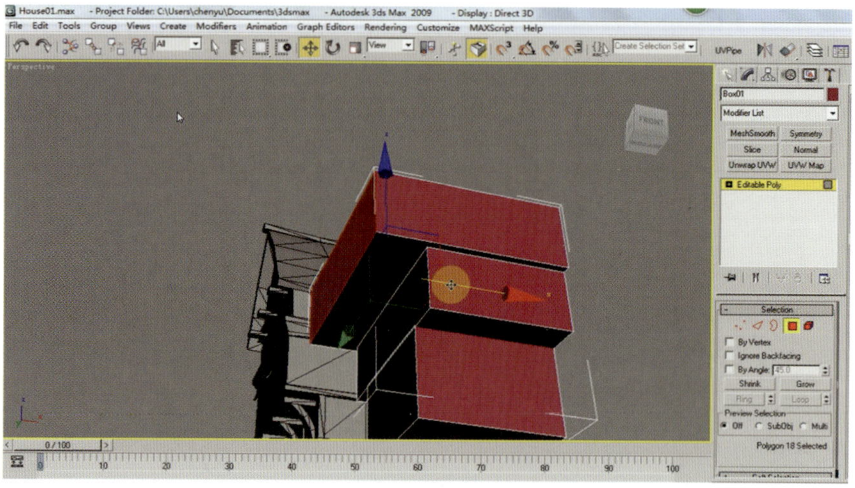

图 4-1-6 将示例建筑外观大体拖曳出来

（2）复制出第四层，将其用缩放工具向下压缩为在高度上具有一定比例的形状，按 2 键，切换为线级别编辑模式，单击一条竖边，再按“Alt+R”组合键执行“Ring”（环形选择）操作，将其他的边线都选中（见图 4-1-7），按“Ctrl+Shift+E”组合键加一条边线（见图 4-1-8）。

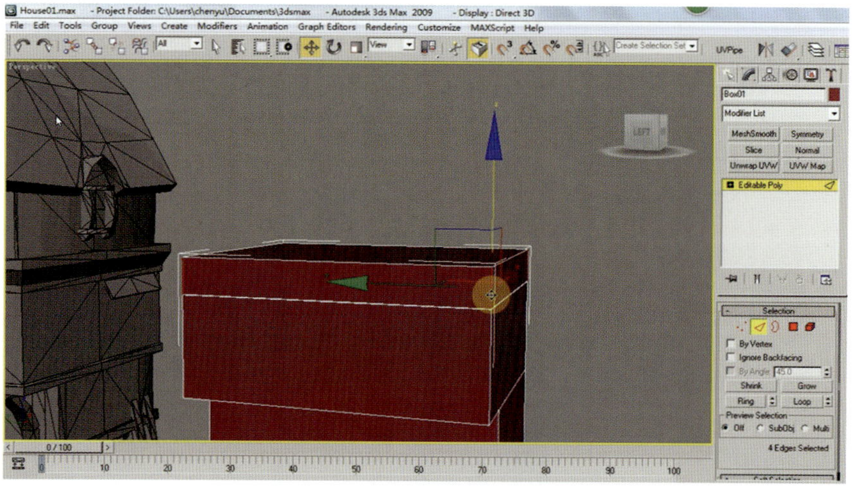

图 4-1-7 将其他的边线都选中

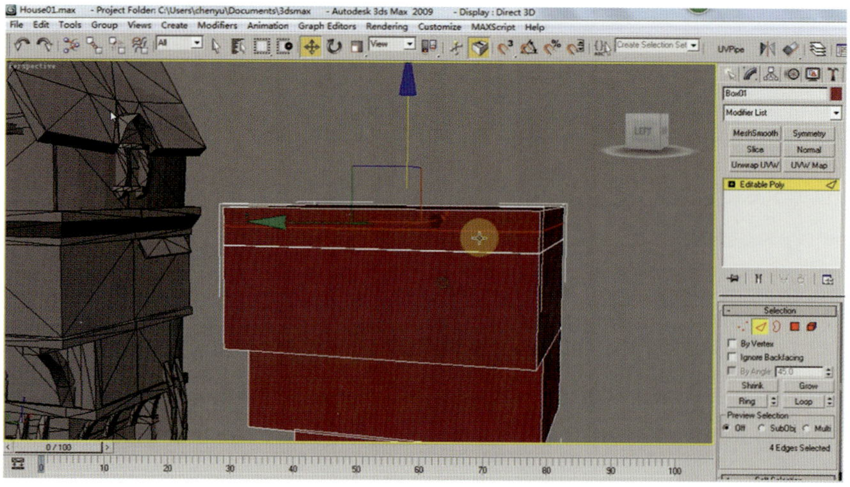

图 4-1-8 加一条边线

单击右键，在选择命令面板中选“Convert to Face”（转换为面）（见图 4–1–9），用缩放工具向外推，以达到造型目的。再按 5 键切换到元素级别操作模式，选择下面的盒子，使用移动工具向上拖拉到位，并单击右键，选择“Extrude”（见图 4–1–10）将其挤出一定高度。

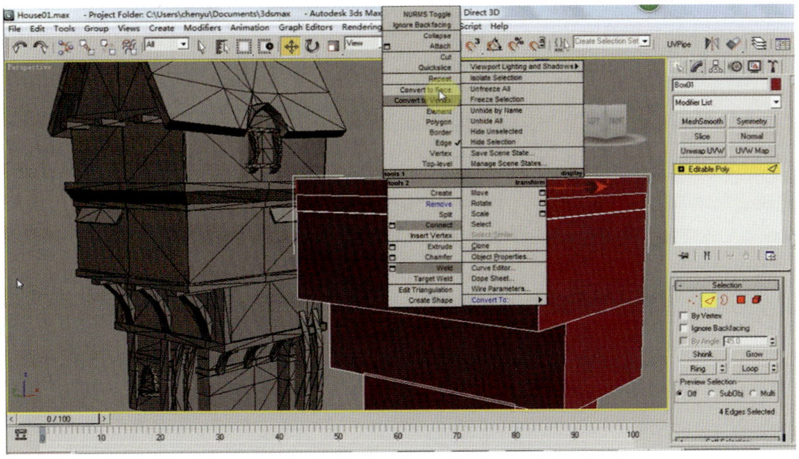

图 4–1–9 选“Convert to Face”

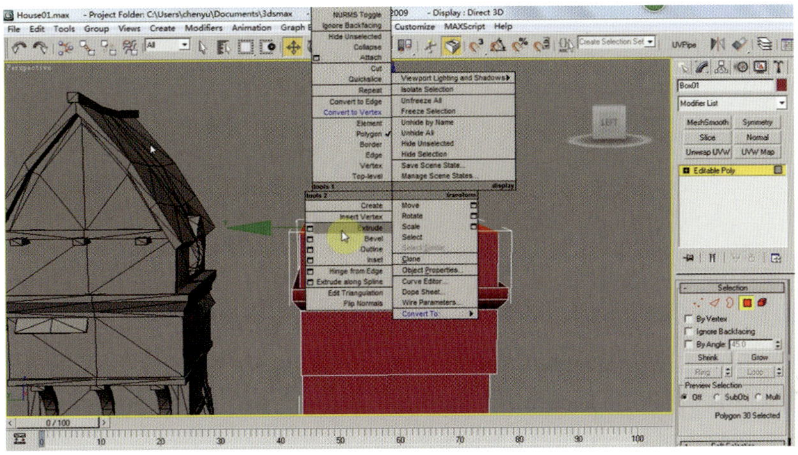

图 4–1–10 选择“Extrude”

按 2 键切换到线级别操作模式，选择上面的两条边线，单击修改面板中的“Collapse”（塌陷）按钮，将另一边的两条线合并（见图 4–1–11），继续加线以适配建筑造型（见图 4–1–12）。

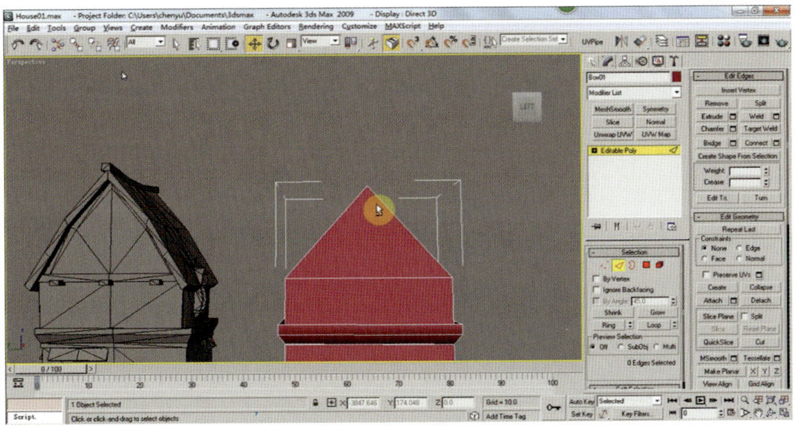

图 4–1–11 将边线合并

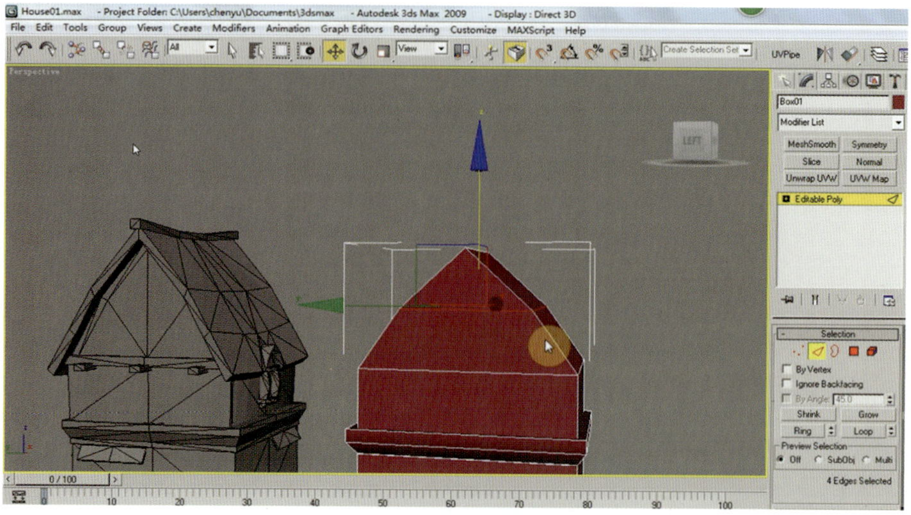

图 4–1–12　加线以适配建筑造型

（3）选择边线（见图 4–1–13），单击右键选择“Create Shape”（生成图形）（见图 4–1–14）。

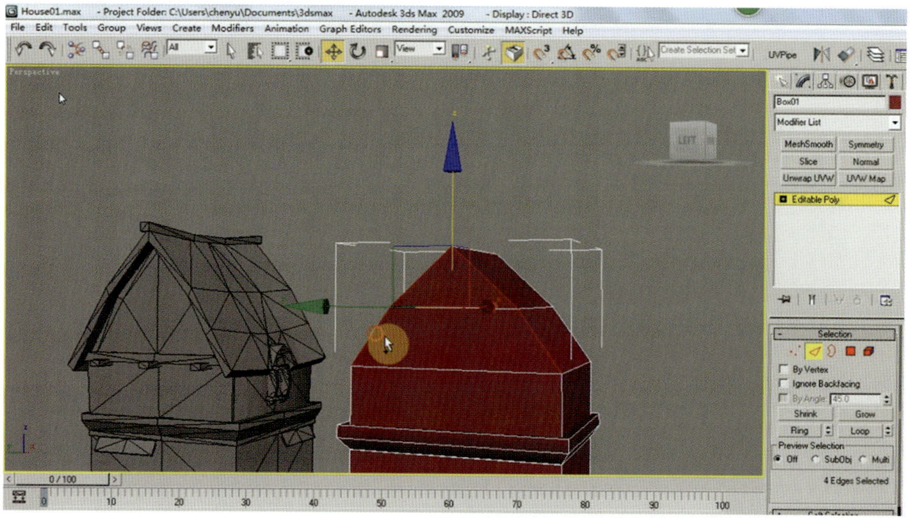

图 4–1–13　选择边线

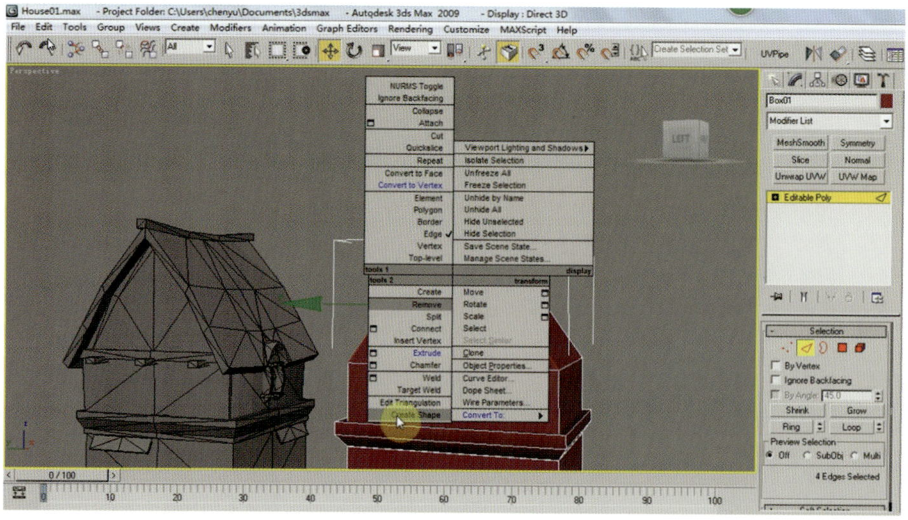

图 4–1–14　选择“Create Shape”

在弹出的对话框中勾选“Linear”（见图 4–1–15），生成一条单独的线段。选择新生成的线段，在修改面板中打开“Rendering”卷展栏，勾选“Enable In Renderer”和“Enable In Viewport”（见图 4–1–16）。

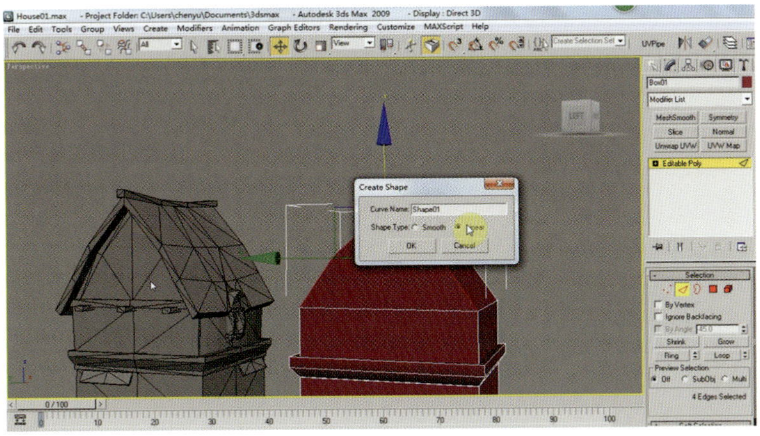

图 4–1–15　勾选“Linear”

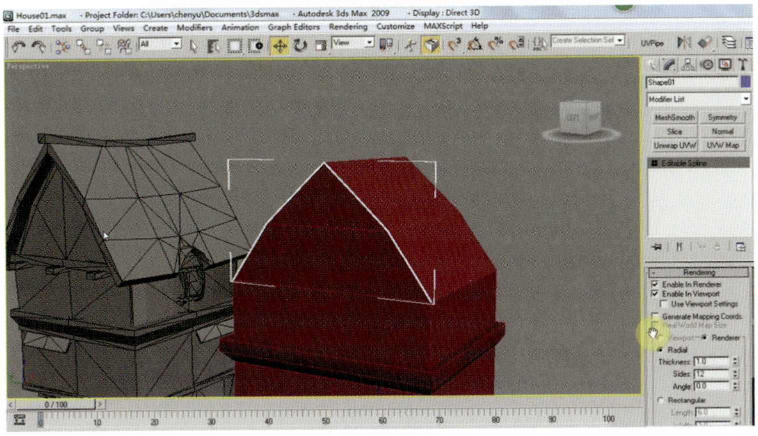

图 4–1–16　勾选“Enable In Renderer”和“Enable In Viewport”

勾选面板下面的“Rectangular”（矩形），并将其转换为可编辑的多边形，切换到面级别操作模式，将其拖拉到一定长度以适配造型（见图 4–1–17）。调整其他部位并增加线段来使建筑造型更完善。同样，建筑顶部的脊梁造型也用“Create Shape”命令，并使用“Enable In Renderer”等命令，将其制作出来（见图 4–1–18）。

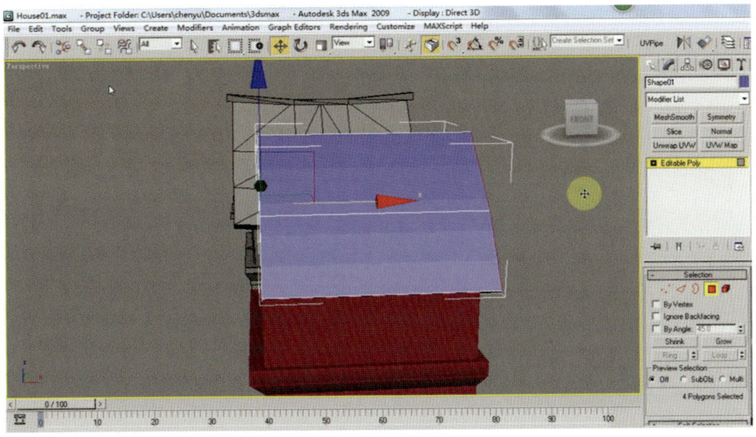

图 4–1–17　拖拉可编辑的多边形以适配造型

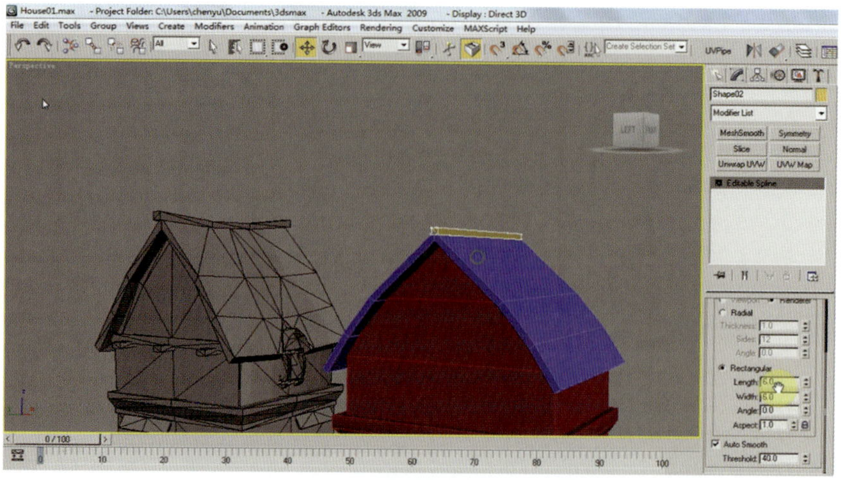

图 4-1-18　制作建筑顶部的脊梁造型

通过加线拉伸对建筑进行造型，基本比例造型（见图 4-1-19）就制作出来了。

图 4-1-19　基本比例造型

（4）对建立的模型进行删面处理。底面和被遮挡面不在视野之内，所以将其删除以节省面数（见图 4-1-20），并将相邻点进行焊接处理，具体操作请扫描二维码下载观看。

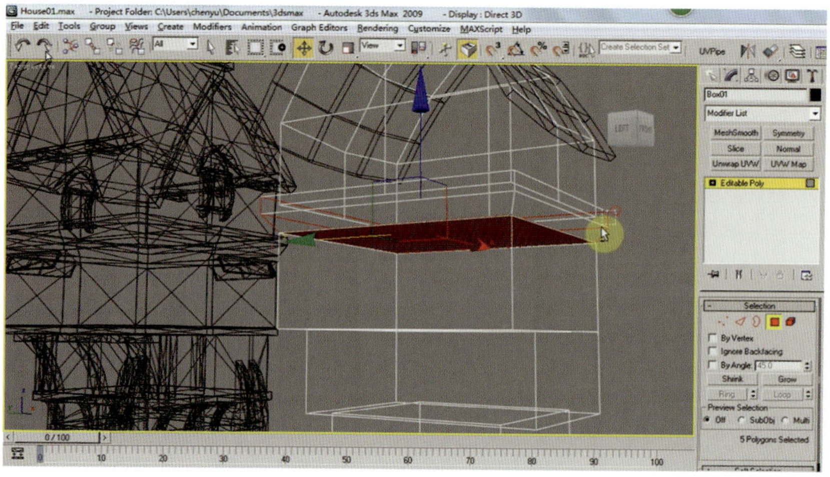

图 4-1-20　删底面及被遮挡面

按 5 键，切换到元素级别操作模式，选择建筑主体部分，并在修改面板下方找到“Polygon：Smoothing Groups”（多边形光滑组）卷展栏，并单击“Clear All”（全部清除），将模型光滑显示去除，再单击“Auto Smooth”（自动光滑）按钮（见图 4–1–21）。这样的处理使转折面有一定的硬度（见图 4–1–22），方便后面 UV 的展开。

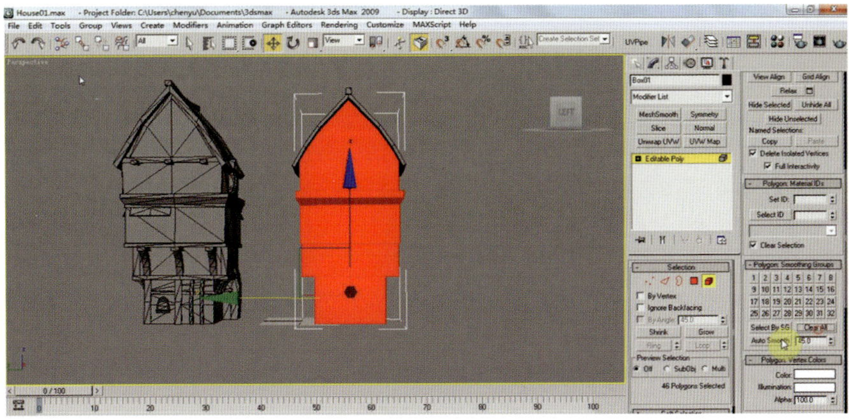

图 4–1–21 单击“Auto Smooth”按钮

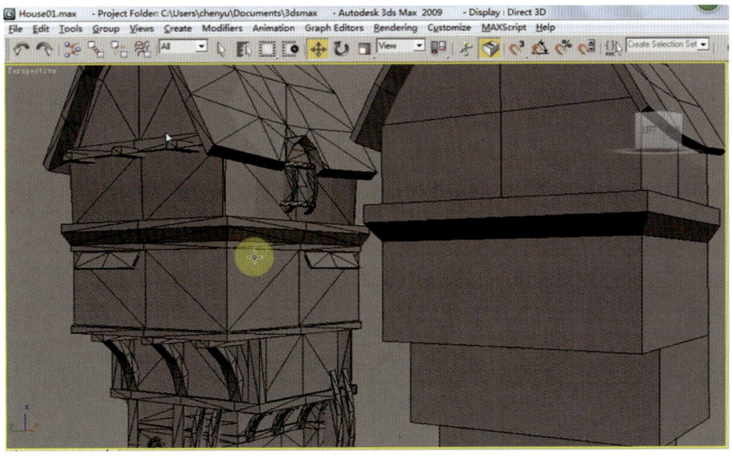

图 4–1–22 转折面有一定的硬度

（5）优化模型的面数，将不必要的线删除或合并，再进行建筑细节的添加。选择如图 4–1–23 所示的横线，制作房梁。单击右键选择“Create Shape”，在弹出的对话框中勾选“Linear”（见图 4–1–24）。

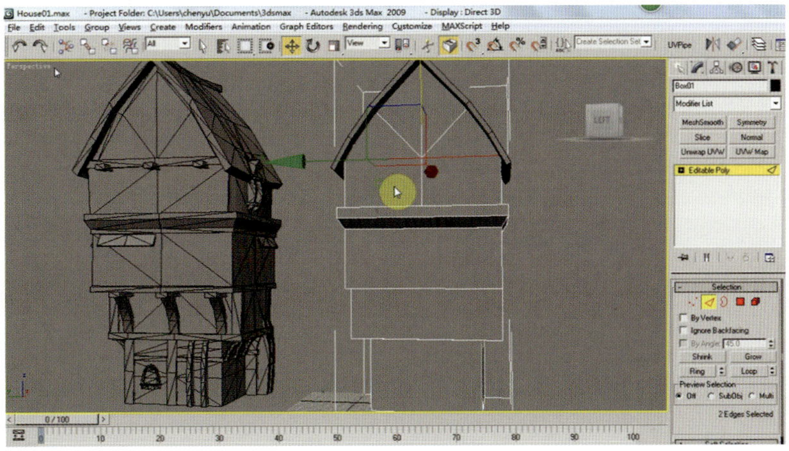

图 4–1–23 选择横线制作房梁

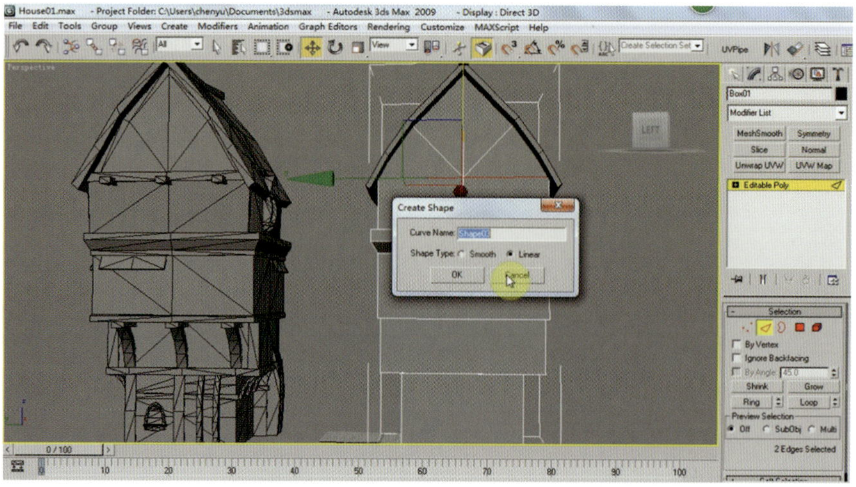

图 4-1-24　勾选“Linear”

这时，新生成的线已经生成了面，这是因为先前已经勾选了“Enable In Renderer”。按 1 键切换到点级别进行调节，以适配屋顶造型，按 5 键，再按 Shift 键使用移动工具复制，向后拖拉制作出另一面的横梁（见图 4-1-25）。继续复制横梁，并用旋转工具旋转方向，制作出其他横梁（见图 4-1-26）。

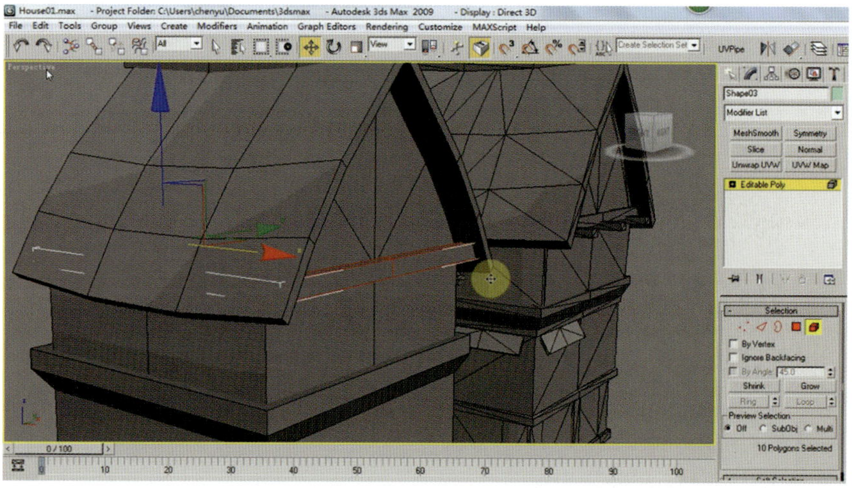

图 4-1-25　制作另一面的横梁

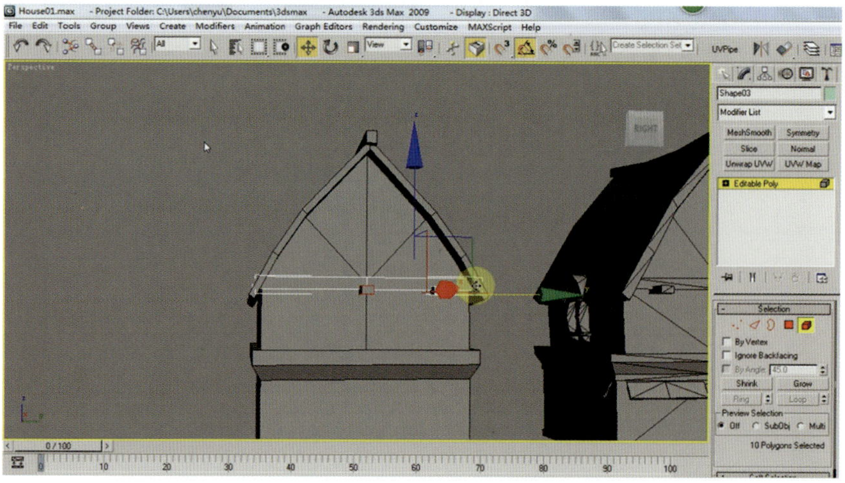

图 4-1-26　制作其他横梁

同样，选择建筑尖拱造型，将其一边的线提取出来（见图 4–1–27），调整其位置和缩放比例后，将其放置在屋檐下方（见图 4–1–28）。

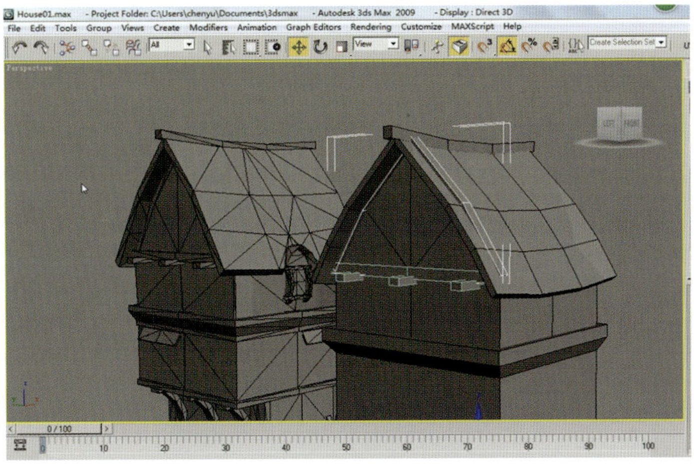

图 4–1–27 将其一边的线提取出来

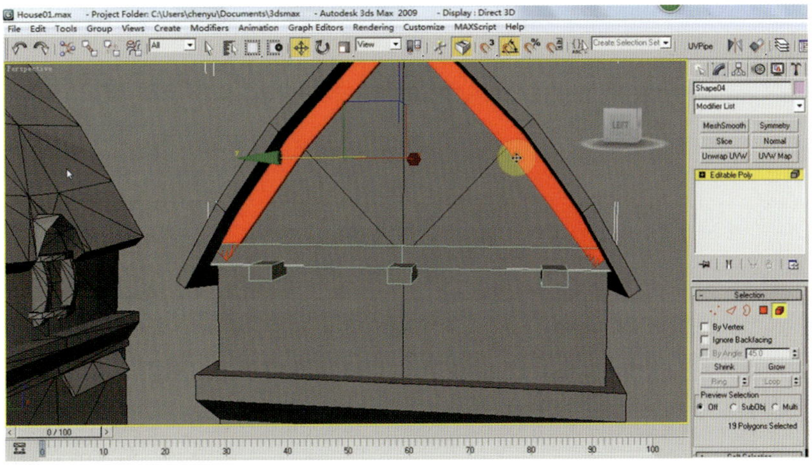

图 4–1–28 调整提取出的线的位置和缩放比例，将其放置在屋檐下方

按 Shift 键复制出另一个，将其移至建筑的另一面（见图 4–1–29）。按 F4 键使模型呈线框显示，选择刚制作的屋檐物体，选择其中一条线，单击右键，选择“Convert to Face”（见图 4–1–30）。

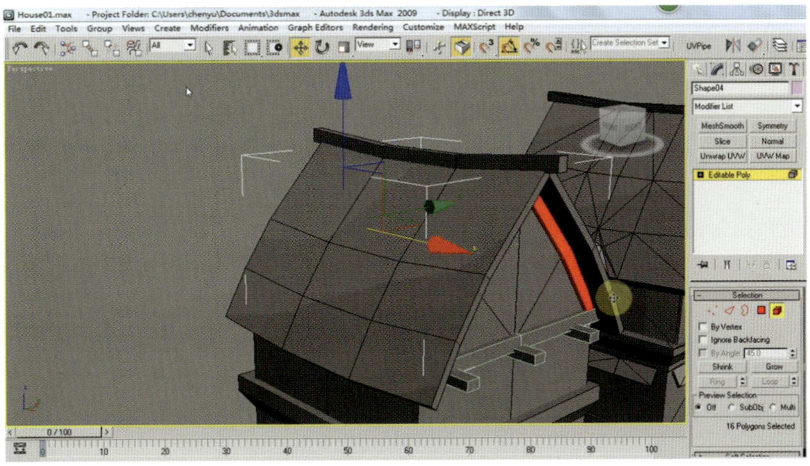

图 4–1–29 移至另一面

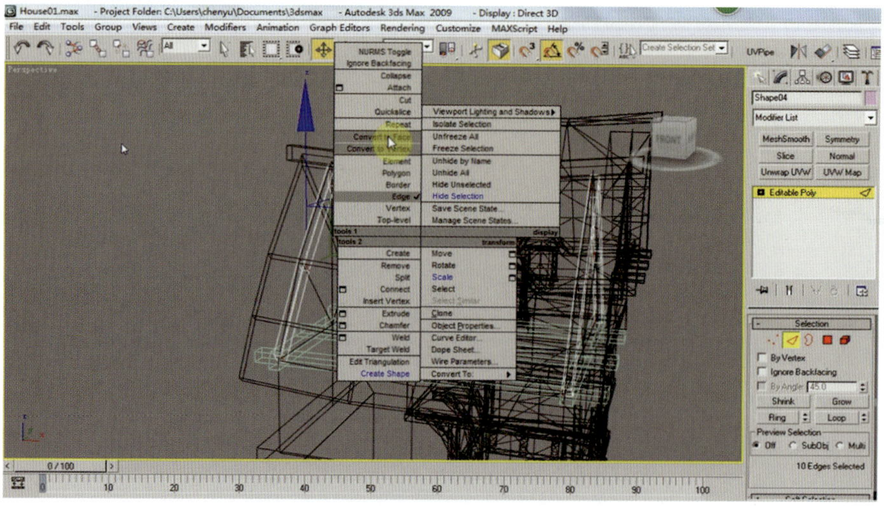

图 4-1-30　选择“Convert to Face”

将面删除，继续选择其他被遮挡面并删除（见图 4-1-31）。

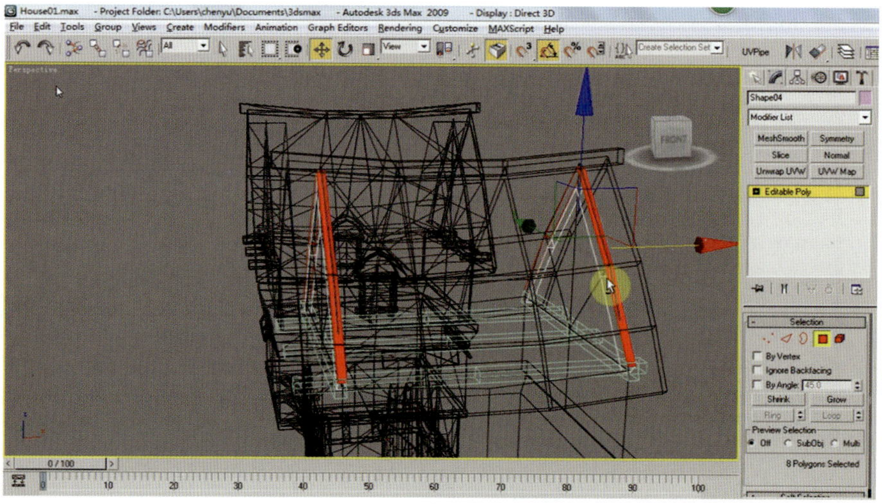

图 4-1-31　删除其他被遮挡面

（6）制作造型细节。选择建筑凸起腰线处的一条线（见图 4-1-32）。

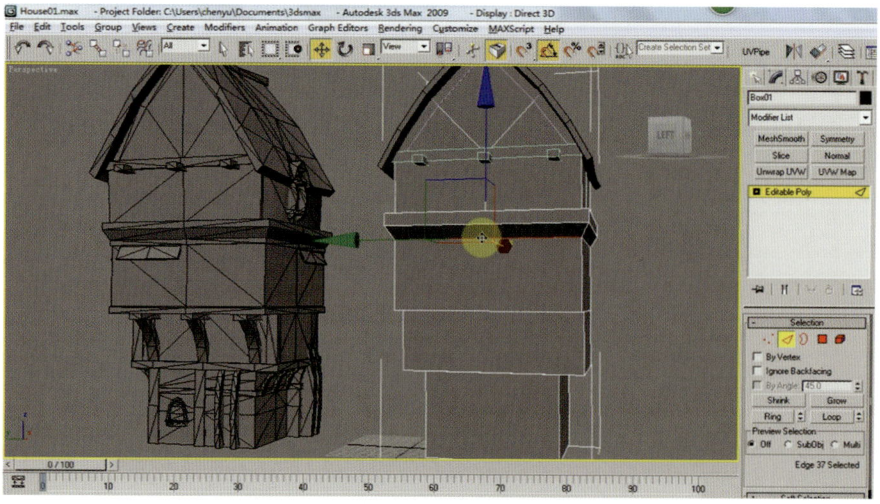

图 4-1-32　选择建筑凸起腰线处的一条线

单击右键选择“Create Shape”（见图 4–1–33），制作出一条裙带造型（见图 4–1–34），执行“Convert to Editable Poly”，将其转换为可编辑的多边形，并缩放其大小以适配房屋造型。

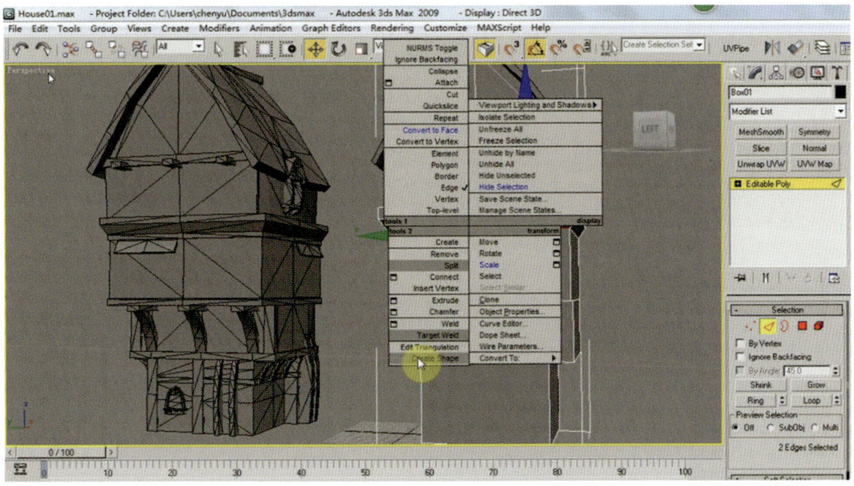

图 4–1–33　选择“Create Shape”

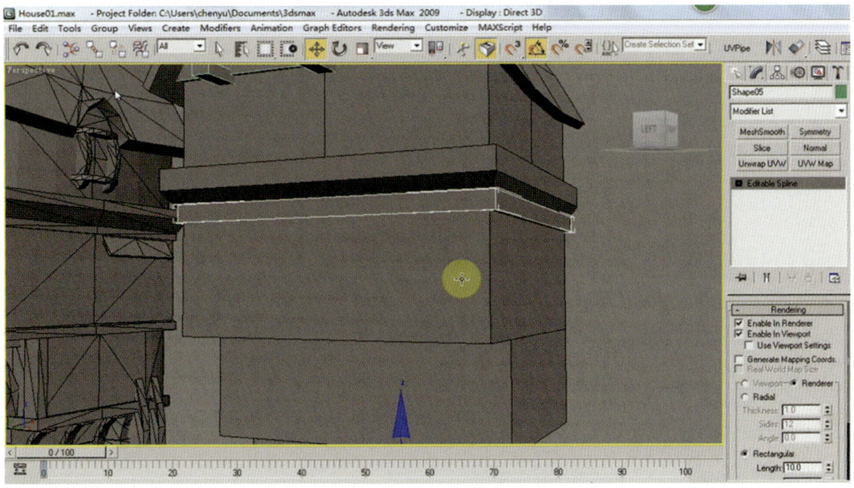

图 4–1–34　裙带造型

复制一个裙带造型放置在较下方（见图 4–1–35），并用缩放工具稍稍放大一点（见图 4–1–36）。

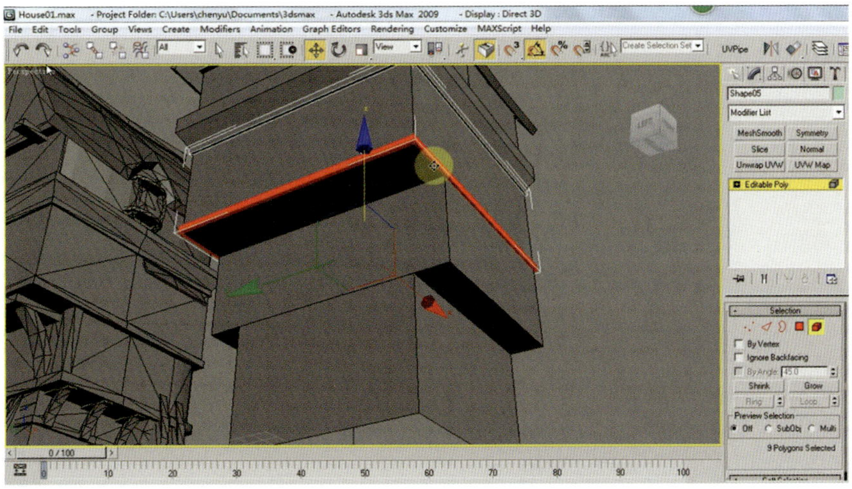

图 4–1–35　复制一个裙带造型

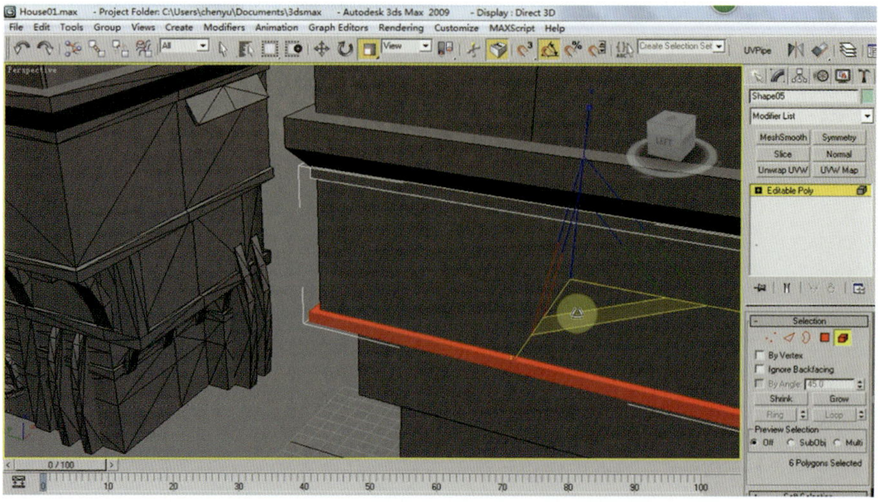

图 4–1–36　稍稍放大复制出的裙带造型

（7）选择底面，使用缩放工具，按 Shift 键向外放大（见图 4–1–37），按 3 键切换到边界层级操作模式，并点选外面的边线，按 Shift 键向上拖曳，复制体现厚度（见图 4–1–38）。

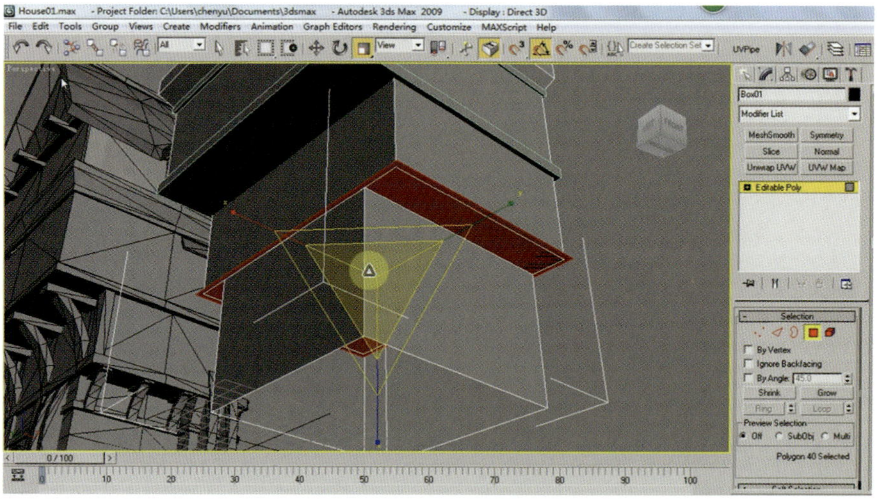

图 4–1–37　向外放大

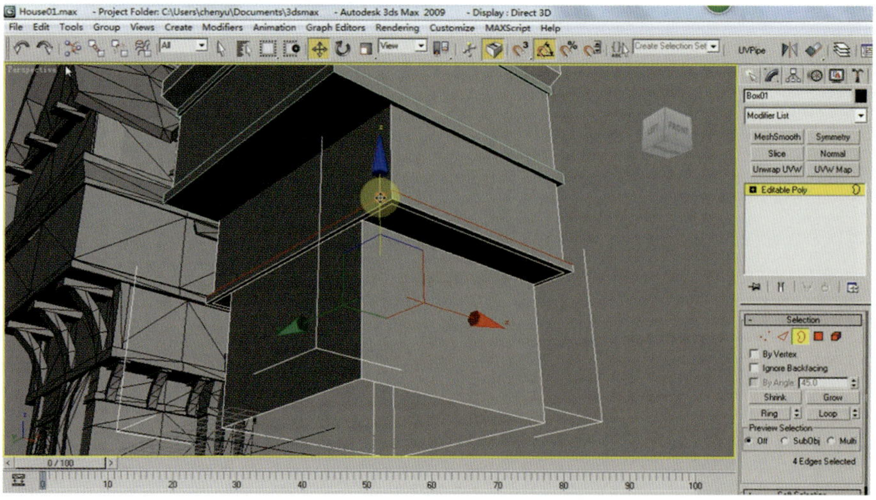

图 4–1–38　复制边线体现厚度

单击右键，选择“Cap”为复制出的线加盖一个面，使其成为封闭的实体（见图 4–1–39）。单击下面的方盒状模型，按 2 键进入线级别操作模式，按 F3 键使视图中的模型呈线框显示，按 Ctrl 键选择横向线段，按“Ctrl+Shift+E”组合键为其加线（见图 4–1–40），并执行挤出操作。

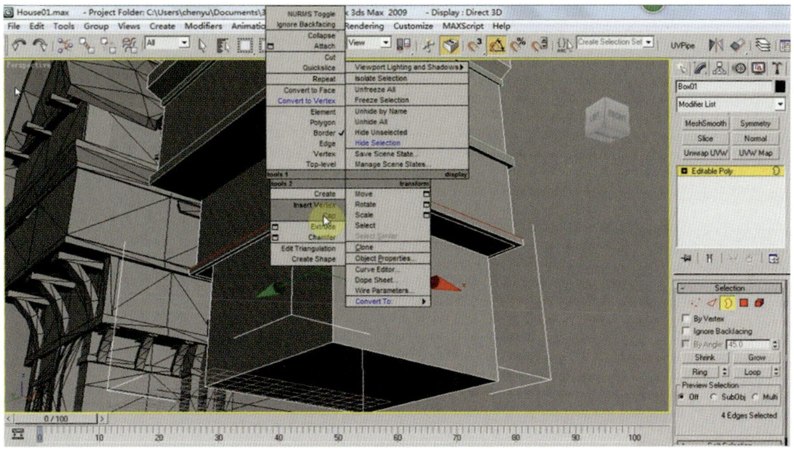

图 4–1–39 封闭的实体

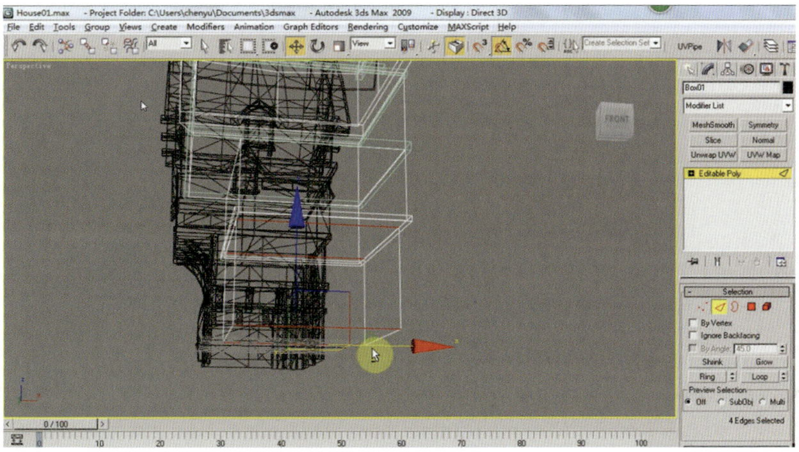

图 4–1–40 加线

选择竖向线，按“Ctrl+Shift+E”组合键为其加线（见图 4–1–41），并调整到合适位置。选择突起部位的上面的线段，按“Ctrl+Shift+E”组合键为其加线（见图 4–1–42）。

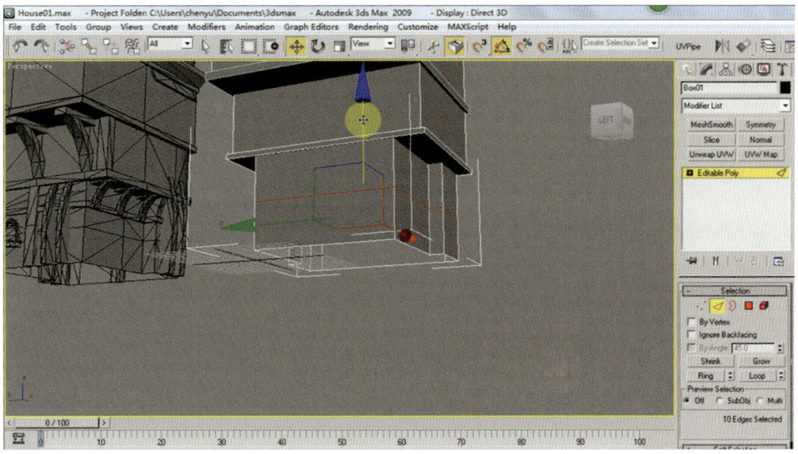

图 4–1–41 选择竖向线并加线

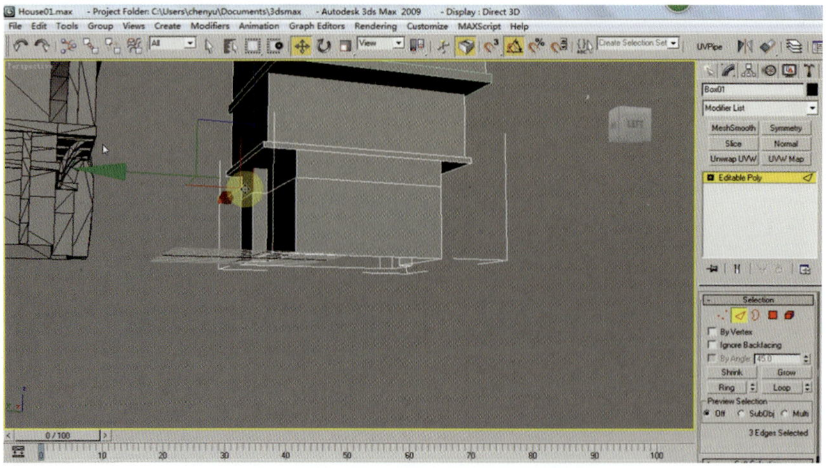

图 4–1–42　选择突起部位的上面的线段并加线

按 F3 键使模型呈线框显示，按 1 键切换到点层级操作模式，选择节点，单击修改面板中的“Connect”将点进行连接（见图 4–1–43）。再次按 F3 键显示实体，选择上面的线段，并用缩放工具将其向外放大（见图 4–1–44）。

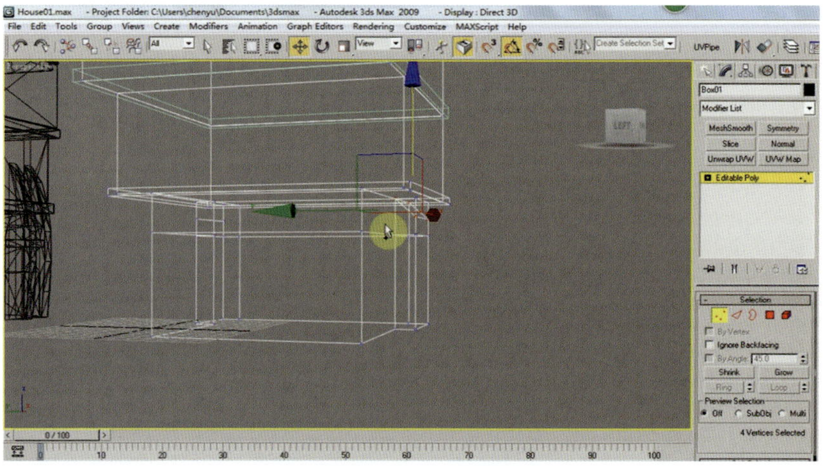

图 4–1–43　将点进行连接

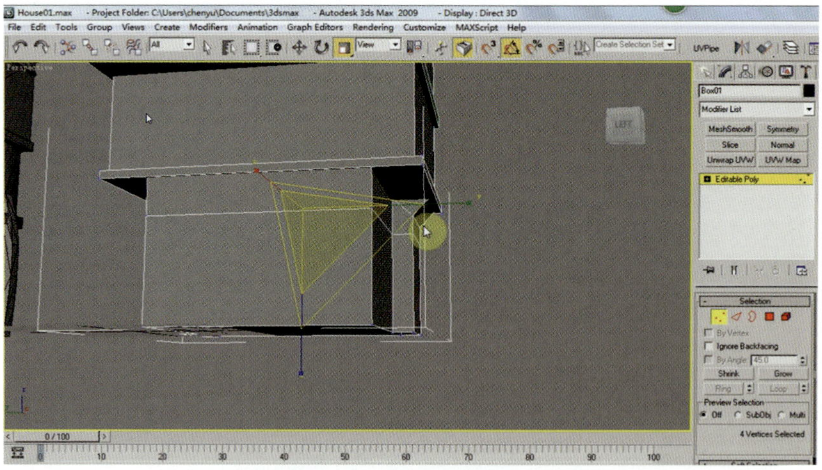

图 4–1–44　向外放大

选择中间线，单击右键选择“Create Shape”，使其成为面并转换为可编辑的多边形（见图 4–1–45）。

按 5 键切换到元素级别，选择上面的梁并按 Shift 键向下复制，用缩放工具和移动工具进行缩放并放置在合适的位置（见图 4–1–46），按 Shift 键复制出另外两根。其他部位的造型根据其与基础形状的契合程度，重复使用“Create Shape”来完成造型。在这里就不再赘述，具体操作请扫描二维码下载观看。

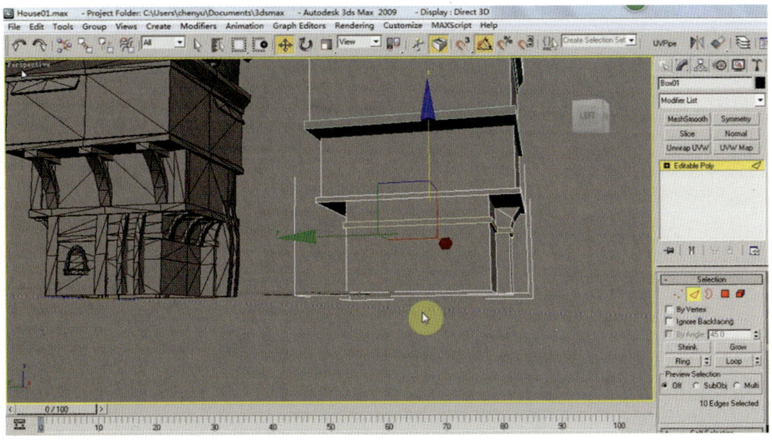

图 4–1–45　转换为可编辑的多边形

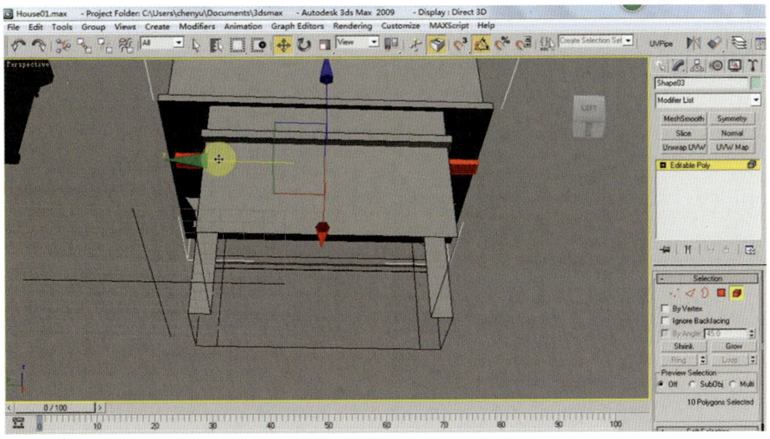

图 4–1–46　向下复制上面的梁，经缩放移动后放到合适的位置

（8）制作窗户搭棚。按住 Ctrl 键，单击右键，选择“Box”（在左视图中），拖曳出一个方形（见图 4–1–47），并将其转换为可编辑的多边形，用缩放工具和旋转工具进行调整（见图 4–1–48）。分别复制并旋转放置在有窗户的位置（见图 4–1–49）。

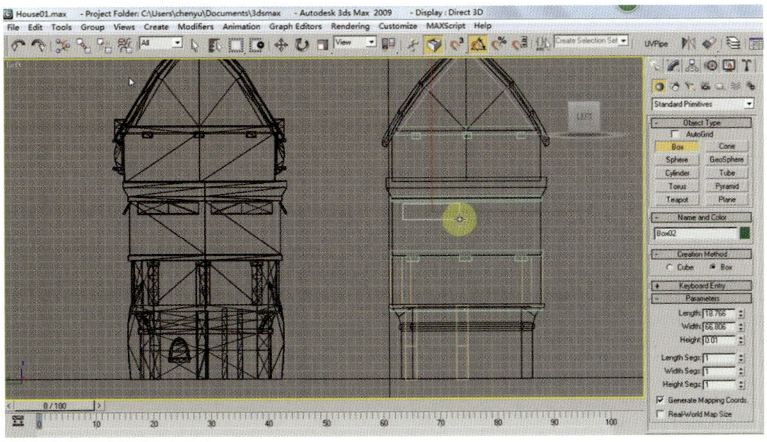

图 4–1–47　在左视图中拖曳出一个方形

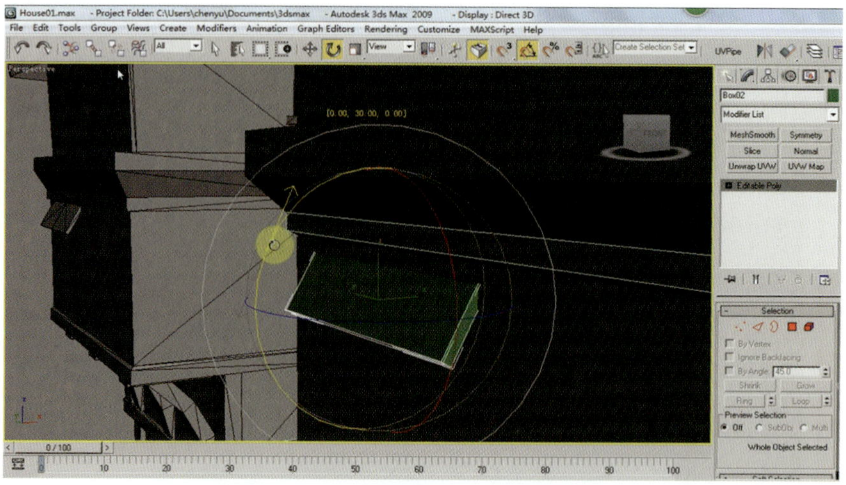

图 4-1-48 调整拖曳出的方形物体

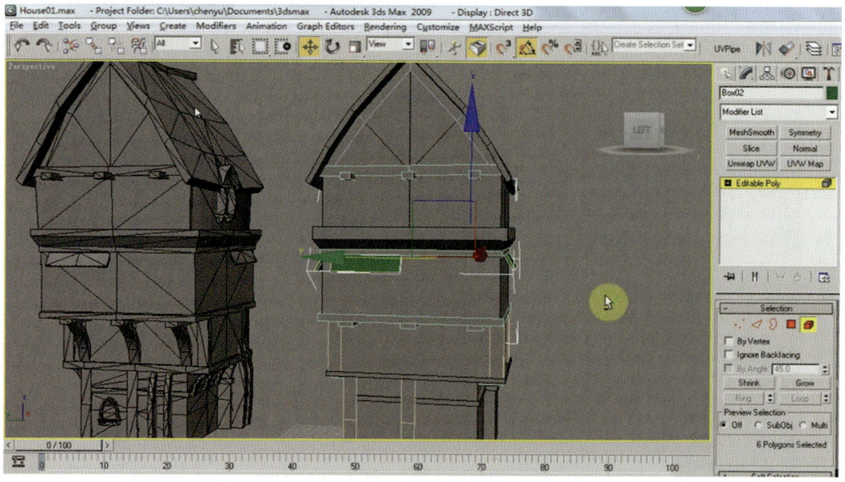

图 4-1-49 复制并旋转方形物体，放置在有窗户的位置

制作支撑梁。按住 Ctrl 键，单击右键，选择“Box”，在前视图中，建立一个方形，并转换为可编辑的多边形，按 2 键切换到线层级操作模式，选择竖向的线段，单击鼠标右键（见图 4-1-50）选择“Connect”。

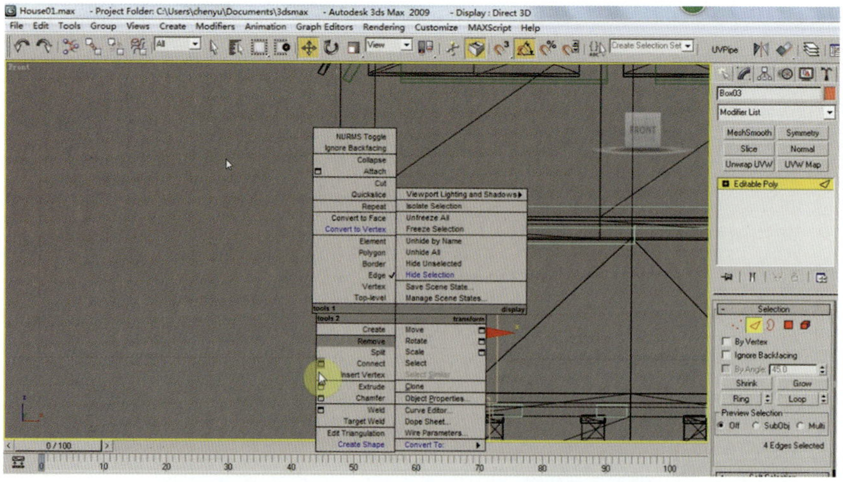

图 4-1-50 选择竖向线段并单击鼠标右键

在方形中加两条线，按 1 键切换到点层级操作模式，按 W 键使用移动工具将选择的点向后移动，并调整

位置（见图 4–1–51）。复制出其他支撑梁并放置在合适位置（见图 4–1–52）。

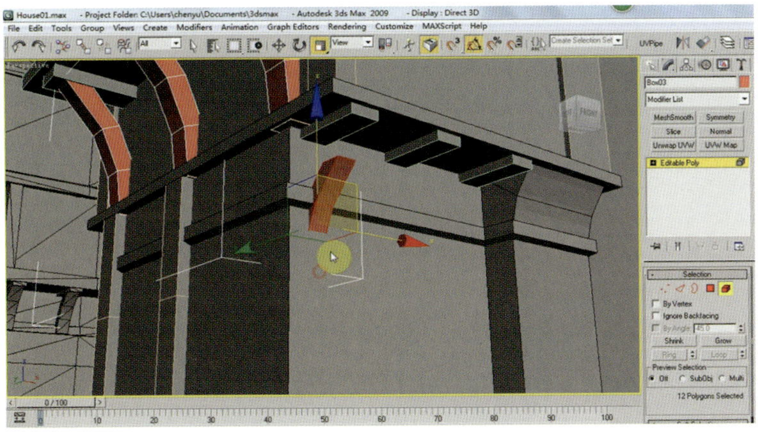

图 4–1–51 调整选择的点的位置

图 4–1–52 复制出其他支撑梁并放在合适位置

（9）制作弧状造型，按“Ctrl”键，单击右键选择“Box”，在顶视图中拖曳方形并将其转换为可编辑的多边形，按 P 键切换到透视图，对其进行编辑。使用移动工具对其进行大小的拉伸，以适配造型位置，按 2 键切换到线层级操作模式，选择竖向线段按“Ctrl+Shift+E”组合键为其加三段线，按 1 键切换到点层级操作模式，选择点进行拉伸，制作出弧状造型（见图 4–1–53），按 F3 键使模型呈线框显示，按 2 键切换至线层级操作模式，选择弧形中间的水平线段（见图 4–1–54），将其删除。

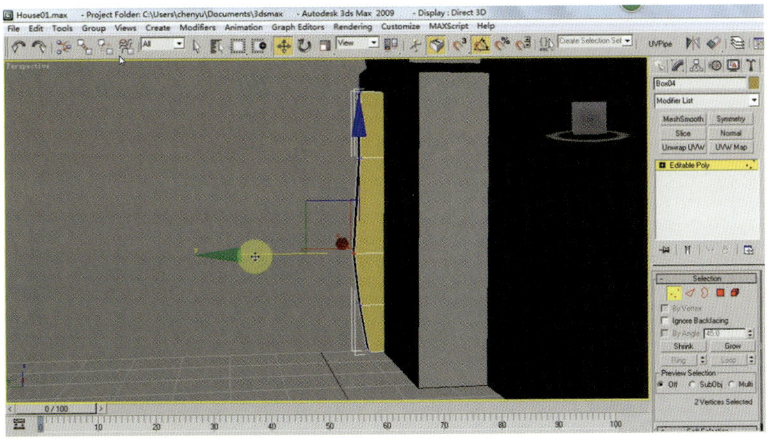

图 4–1–53 弧状造型

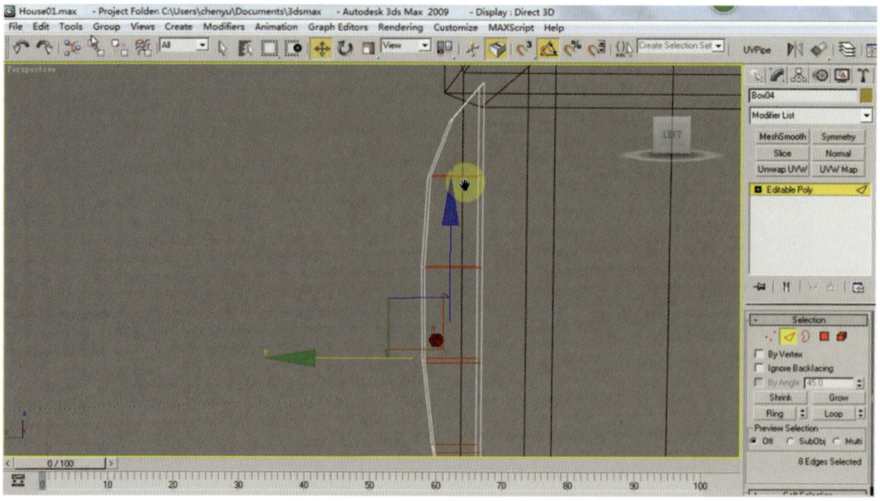

图 4-1-54　选择水平线段

再按 1 键切换到点层级操作模式，选择相对点，并单击修改面板中的“Connect”将其进行连接（见图 4-1-55），使其成三角面形式（见图 4-1-56），以节省面数。

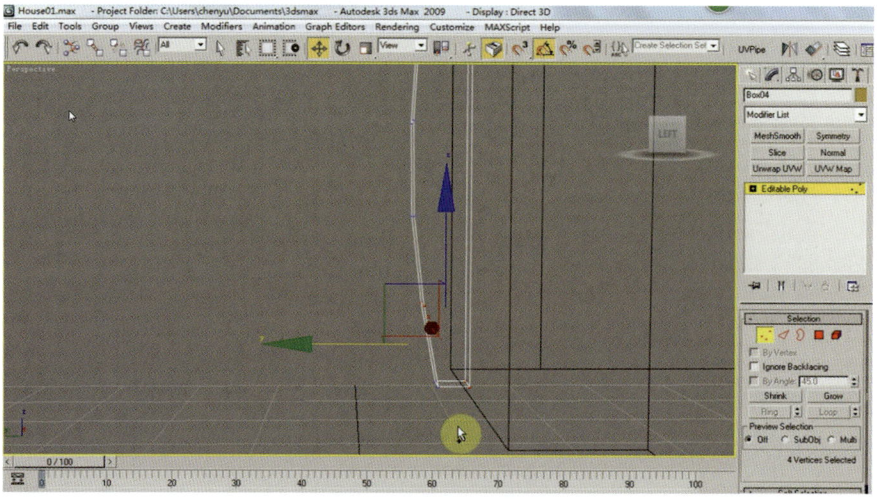

图 4-1-55　连接相对点

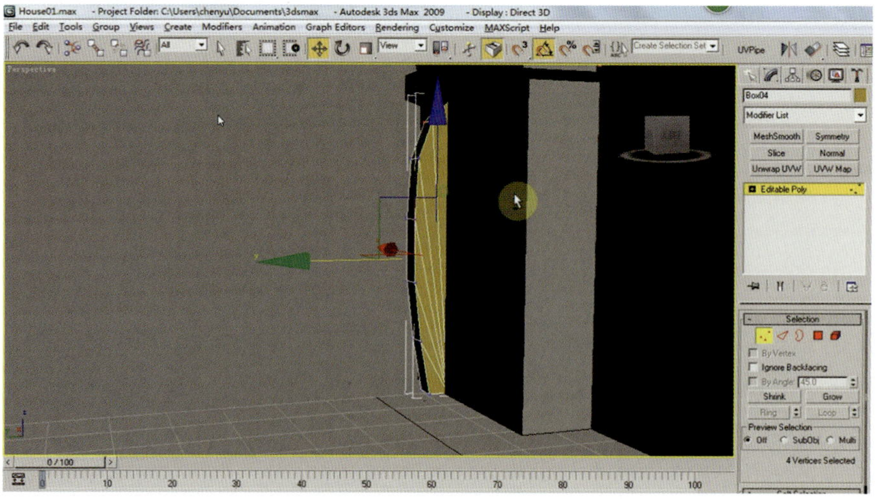

图 4-1-56　三角面形式

按 5 键切换到元素层级操作模式并复制弧状造型（见图 4–1–57），拖曳至合适位置并调整其大小。

（10）制作屋顶处窗户造型，按 2 键切换到线层级操作模式，选择屋顶底部中间部分线段（见图 4–1–58）。

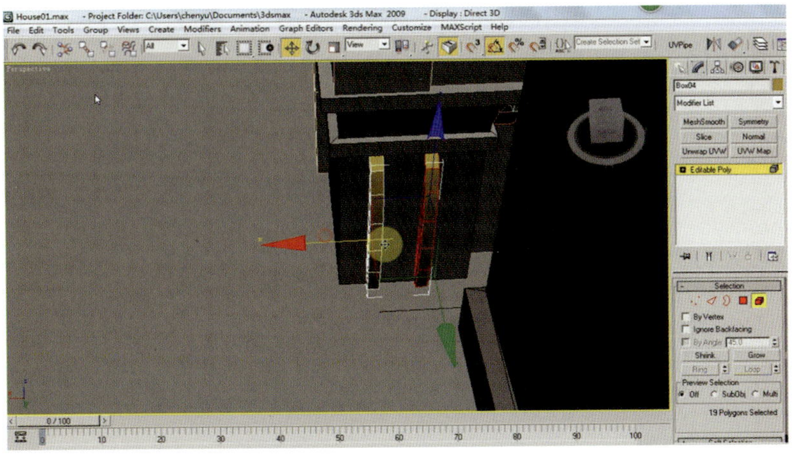

图 4–1–57　复制弧状造型

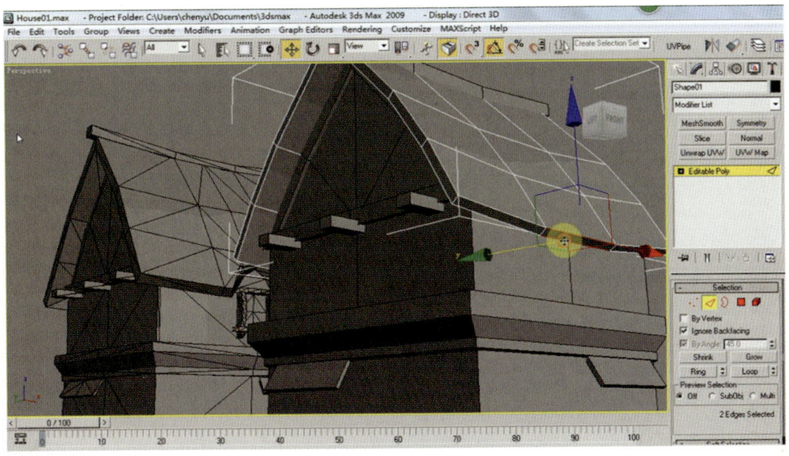

图 4–1–58　选择屋顶底部中间部分线段

单击右键，选择“Connect”，在弹出的对话框中输入“Segments”（段数）为 2，“Pinch”（缩放）值为 70（见图 4–1–59），为底部加两条线段。再选择底部的线段和上面的线段，单击右键执行“Connect”命令，为其加一条线段（见图 4–1–60）。

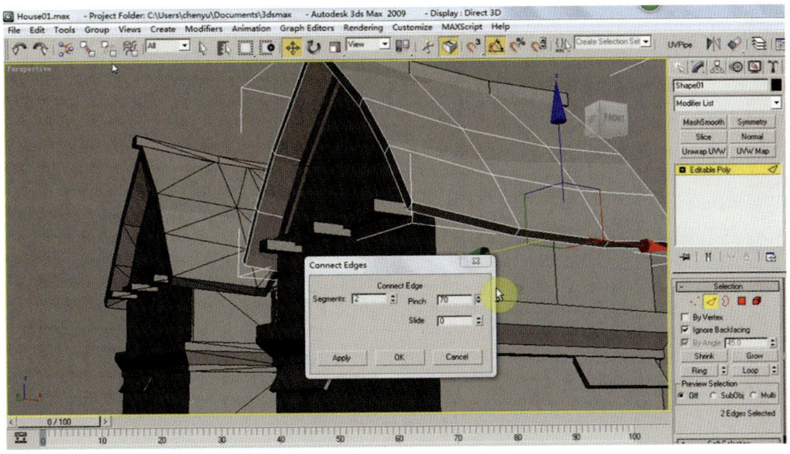

图 4–1–59　设置段数及缩放值

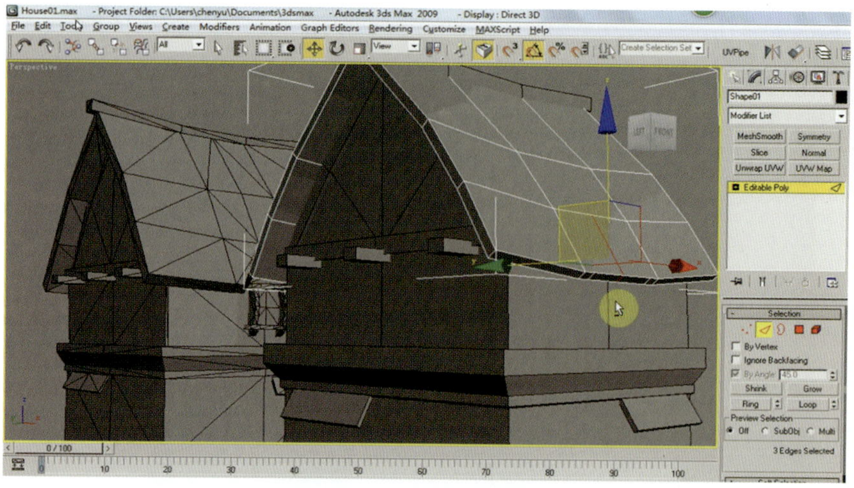

图 4-1-60 加一条线段

选择修改面板中的“Cut”（切割）按钮，在其上进行切割（见图 4-1-61），选择竖向线为其加一条线段，按 1 键切换至点层级操作模式，选择两边的点进行连接（见图 4-1-62）。

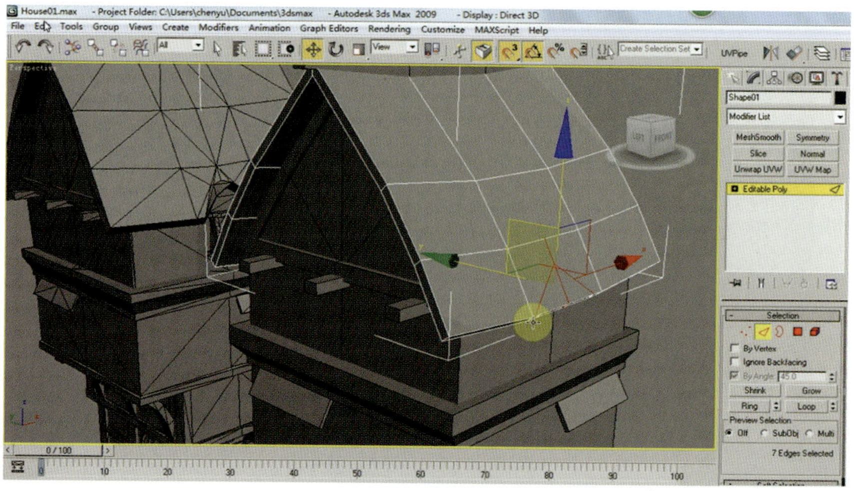

图 4-1-61 切割

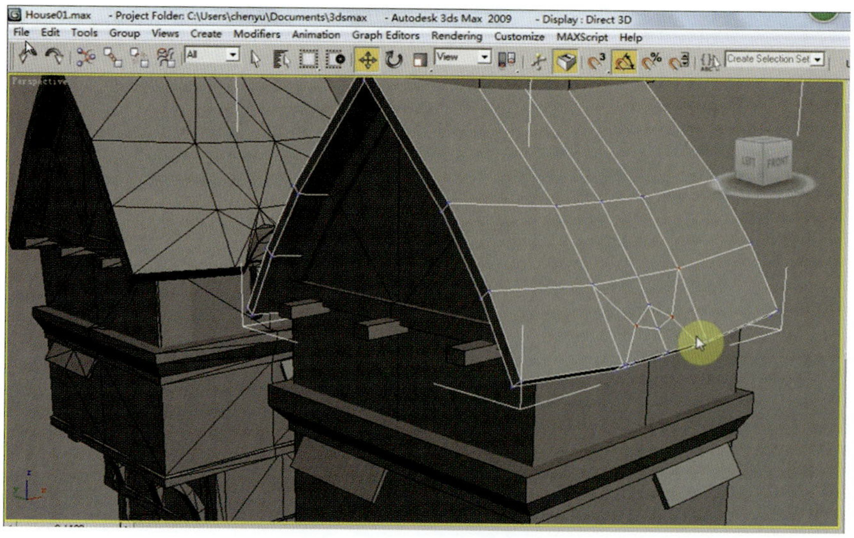

图 4-1-62 连接两边的点

按 4 键选择如图 4–1–63 所示的面并删除，选择删除处的面的四条线段，按 Shift 键向外复制出来（见图 4–1–64）。

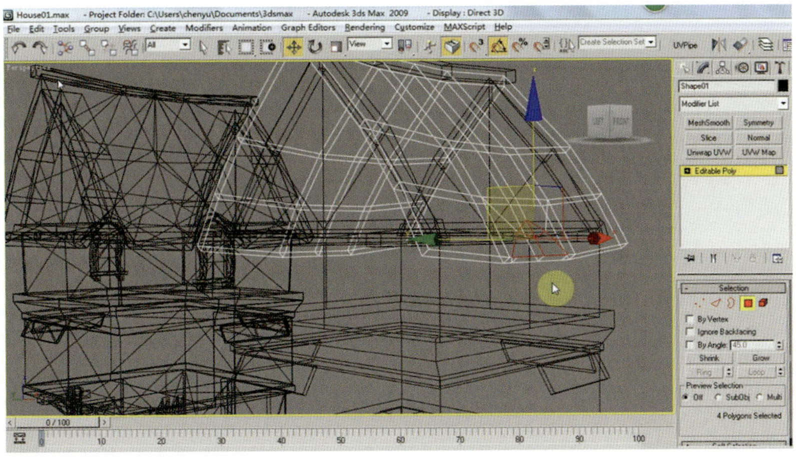

图 4–1–63　选择要删除的面

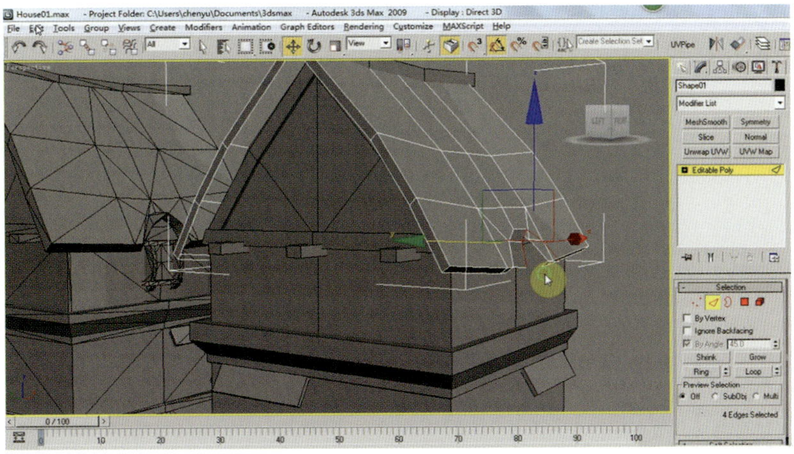

图 4–1–64　复制四条线段

按 1 键切换到点层级操作模式，将下面的点通过“Target Weld”（目标焊接）焊接在一起（见图 4–1–65）。选择屋顶造型，按“Alt+Q”组合键独立显示，按 4 键切换到面层级操作模式，选择里面的面，按 Shift 键向下复制，按修改面板中的“Flip”（翻转），使可视面翻转至里面（见图 4–1–66），按 1 键切换至点层级操作模式。

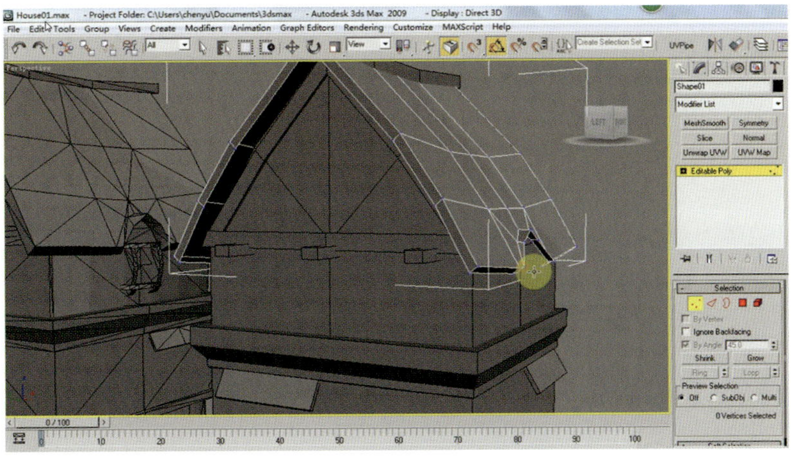

图 4–1–65　将下面的点焊接在一起

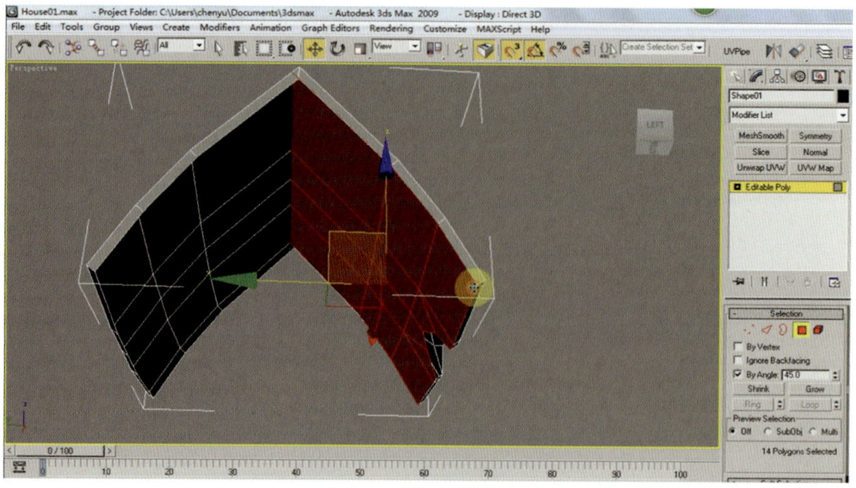

图 4-1-66　翻转可视面

将点进行对接并焊接。这样，原来单片的造型就有了厚度，按 3 键切换至边界层级操作模式，单击右键选择“Cap”命令为其加封面，并将相对应的点进行连接（见图 4-1-67）。将另一半删除，使用旋转工具，按住 Shift 键复制出另一半（见图 4-1-68）。

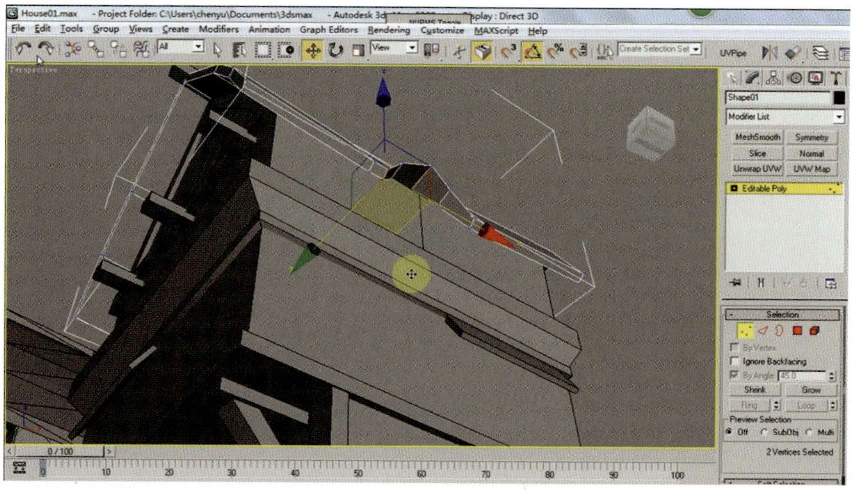

图 4-1-67　连接相对应的点

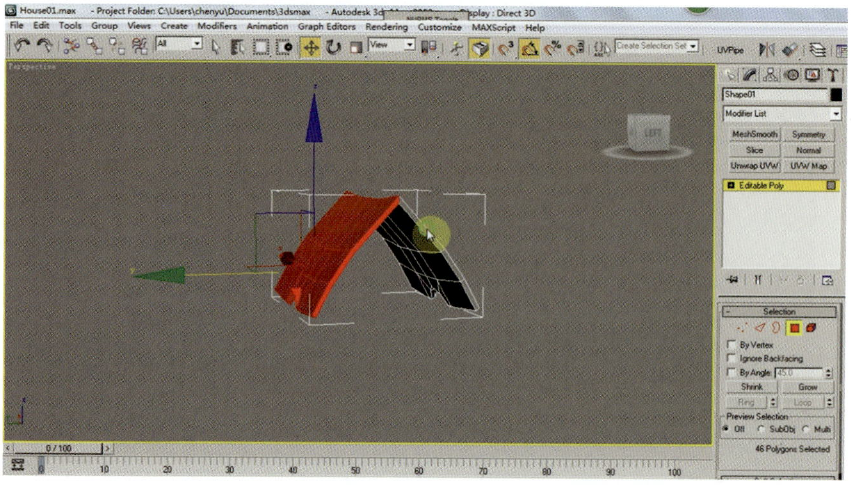

图 4-1-68　复制出另一半屋顶处窗户造型

将屋脊处的点进行焊接（见图 4–1–69），使其成为一个整体。

（11）制作窗户。在视图中建立一个盒子，并将其转换为可编辑多边形（见图 4–1–70）。

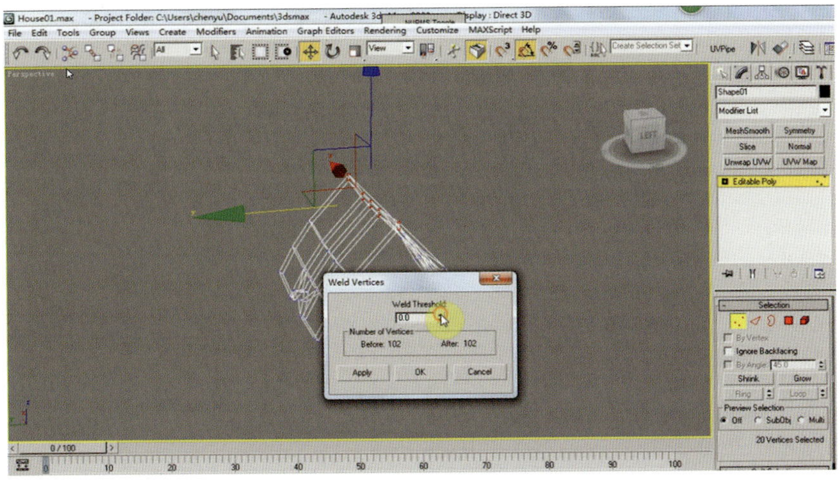

图 4–1–69　焊接屋脊处的点

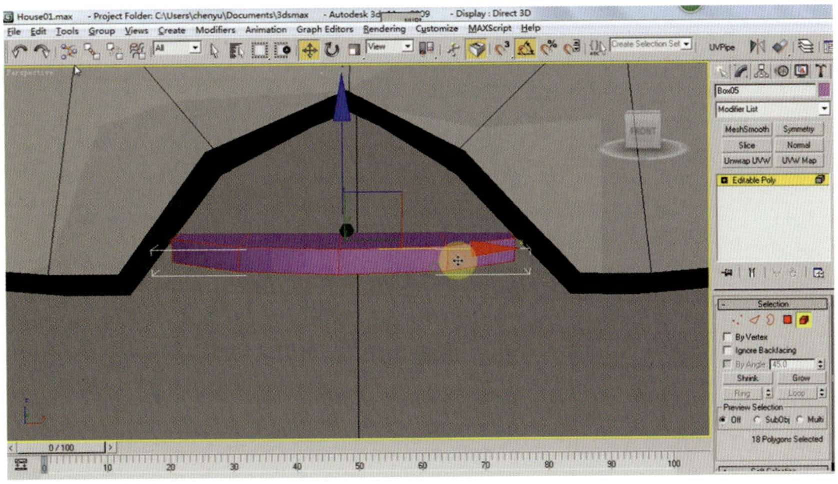

图 4–1–70　建立盒子并将其转换为可编辑的多边形体

通过点、线、面的切换来进行造型（见图 4–1–71）。

这样，模型就制作完成了。

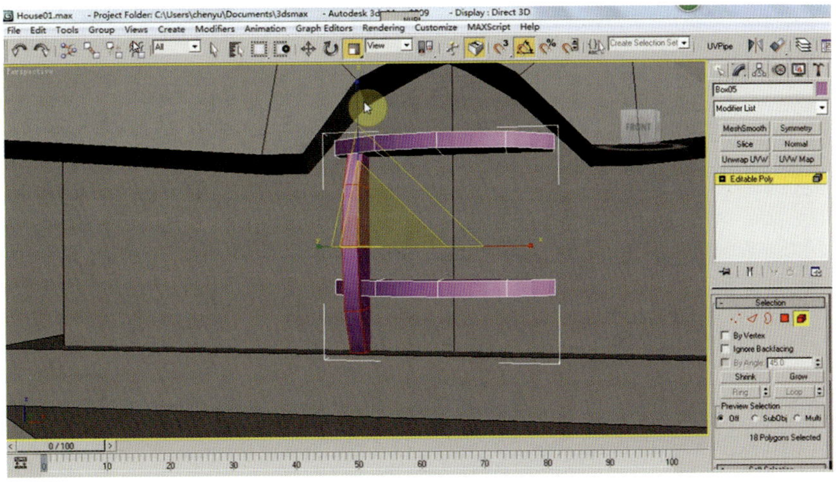

图 4–1–71　对窗户进行造型

第二节　拆分建筑 UV

（1）单击建筑顶部模型部分，选择修改面板中的“Unwrap UVW”按钮，再单击面板右方的“Edit”按钮（见图 4–2–1），弹出 UV 编辑面板（见图 4–2–2）。

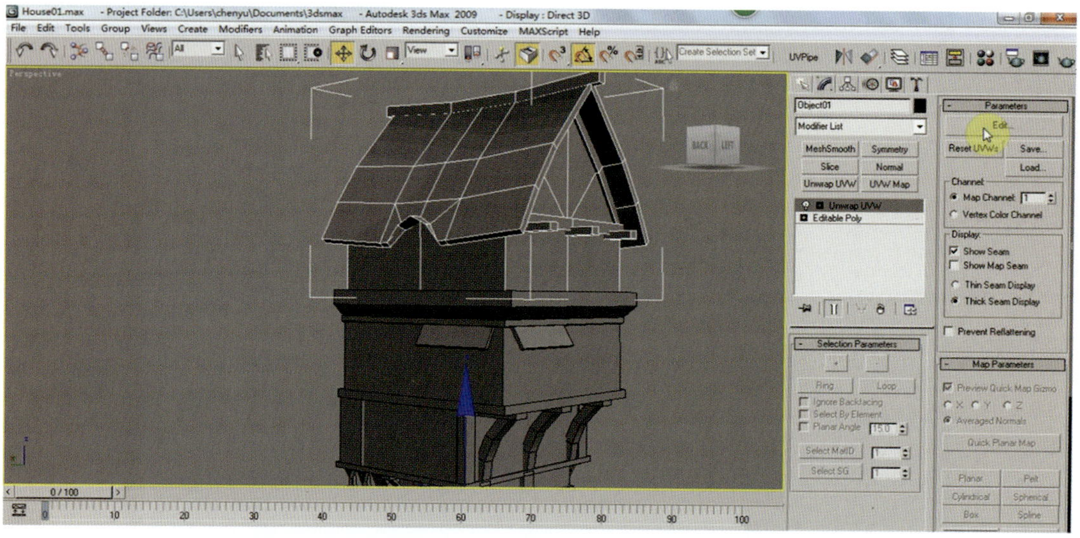

图 4–2–1　单击“Edit”按钮

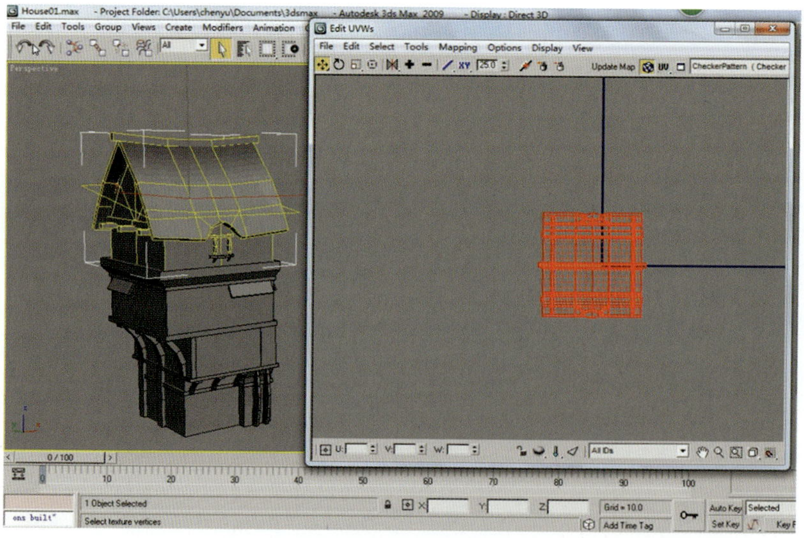

图 4–2–2　UV 编辑面板

在 UV 编辑对话框中全选 UV，将其拖至蓝色方框外，按 4 键切换到面层级操作模式，在视图中单击建筑一侧，再单击修改面板下方的“Quick Planar Map”，所选面在 UV 编辑面板中会自动移至蓝色方框内（见图 4–2–3），选择另一侧的面，同样单击“Quick Planar Map”，用相同的操作，将其他部分展平，放到一边（见图 4–2–4）。

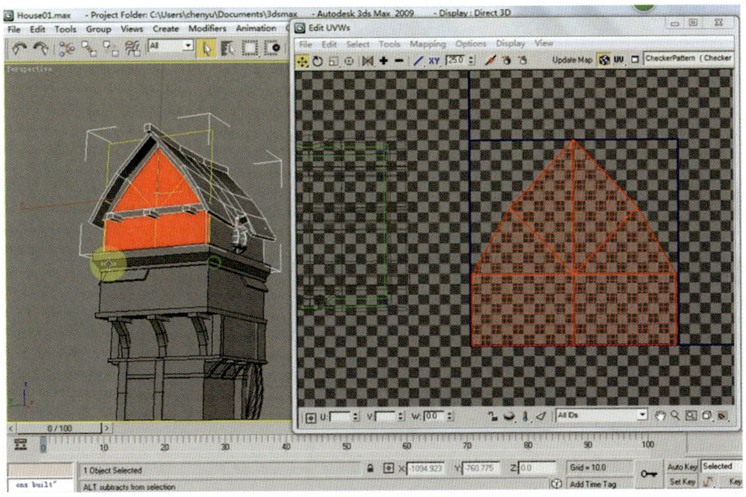

图 4–2–3　所选面移至蓝色方框内

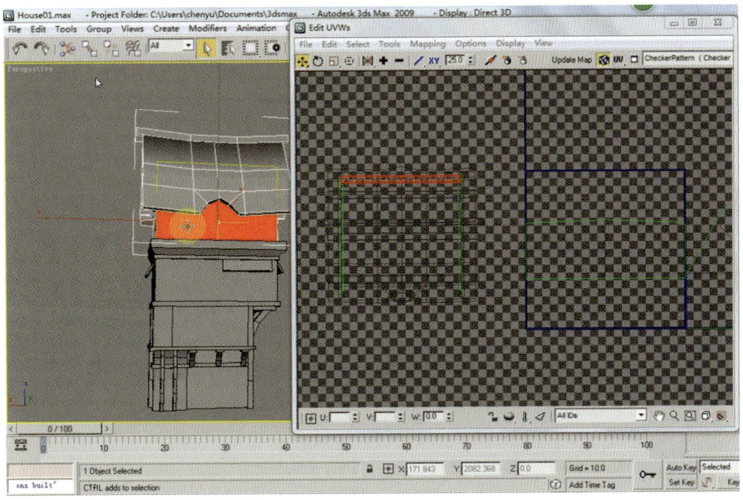

图 4–2–4　将其他部分展平，放到一边

（2）展分屋顶的 UV。在面层级操作模式下选择屋顶（见图 4–2–5），单击“Quick Planar Map”将其展平，再选择上面的面分别点选 UV 编辑面板中的“Tools”（工具），选择“Relax”（见图 4–2–6）。

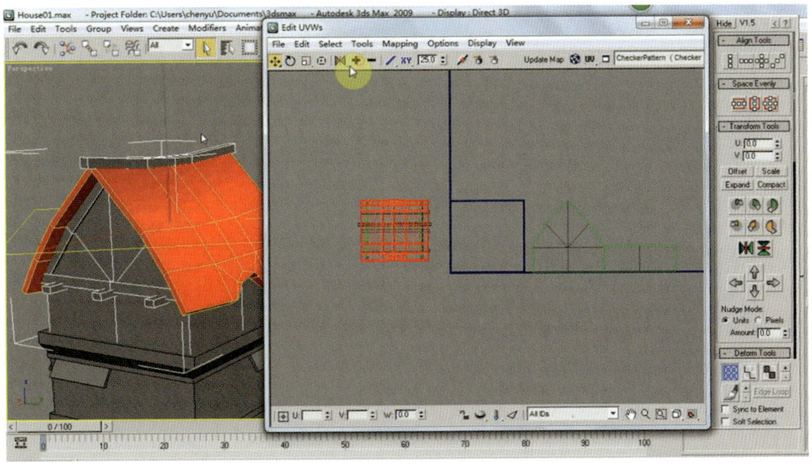

图 4–2–5　选择屋顶

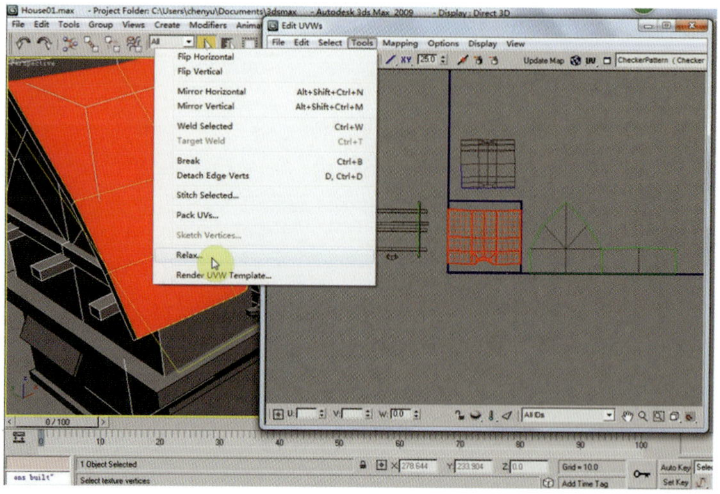

图 4-2-6 选择“Relax”

在弹出的对话框中将“Iterations”（松弛程度）改为1001（这里的值越大，UV的变形程度越小）；将“Amount”（数值）改为1，将放松类型改为“Relax By Face Angles”（见图4-2-7），单击“Start Relax”进行展开。单击UV编辑面板右上角的白色方框，选择“CheckerPattern（Checker）”（见图4-2-8）。

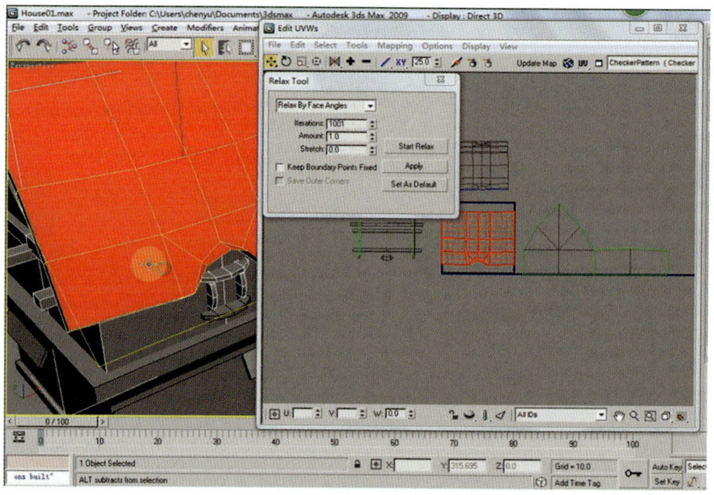

图 4-2-7 在对话框中设置参数

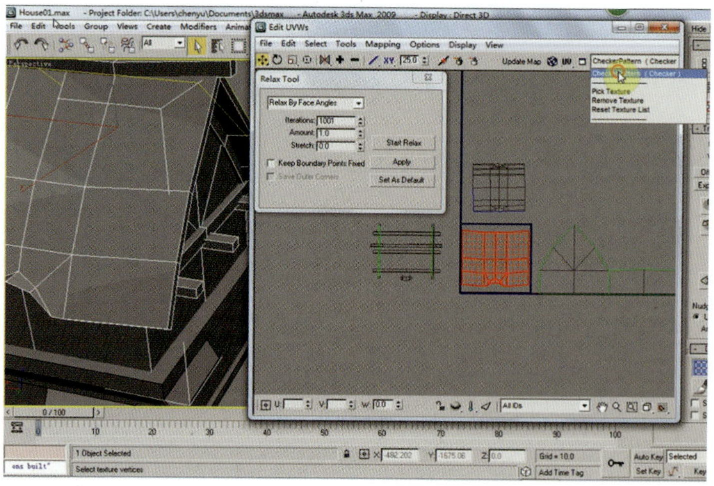

图 4-2-8 选择“CheckerPattern (Checker)”

在视图中检查棋盘格的分布情况，检查棋盘格有没有拉伸变形或过大过小的情况，选择另一半的面并单击“Start Relax”展开（见图 4–2–9）。外面的面已经分好了 UV，选择里面的面，按 Alt 键减选，将一半先去掉（见图 4–2–10）（由于两边是对称的，所以做一半后进行重叠即可）。

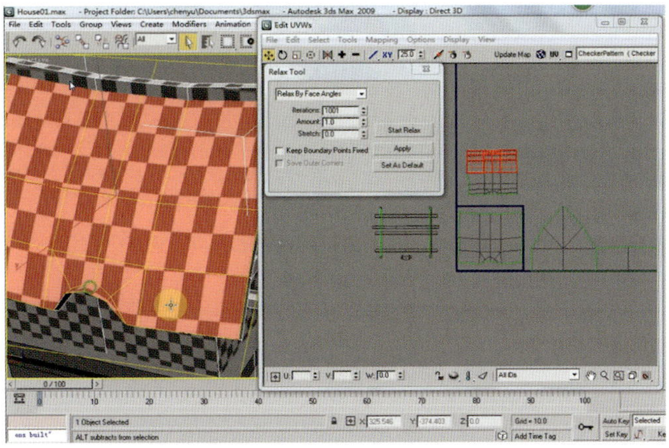

图 4–2–9　单击“Start Relax”展开

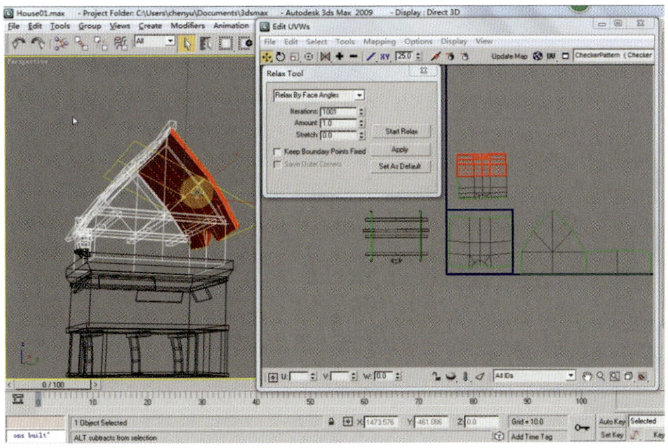

图 4–2–10　将一半先去掉

对侧边的面取消选择状态（见图 4–2–11），单击“Quick Planar Map”将其展开。同样将另一边的面选择并进行展平。接着，选择侧边，执行相同的操作将其展开（见图 4–2–12）。注意：将 UV 展开后，视情况将弧度较小的 UV 线拉平，为后面摆放节省资源，且更方便绘制贴图。

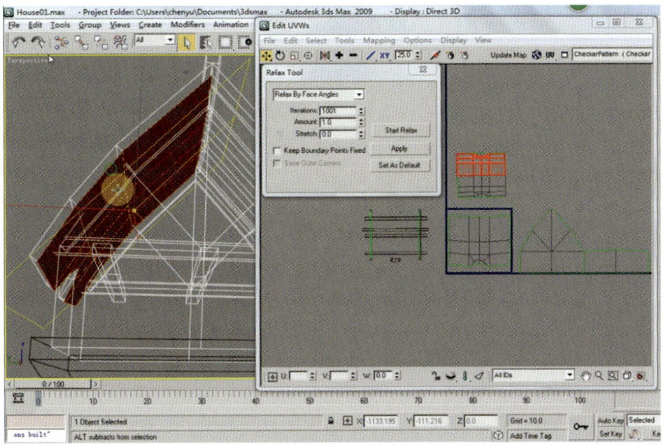

图 4–2–11　取消侧边的面的选择状态

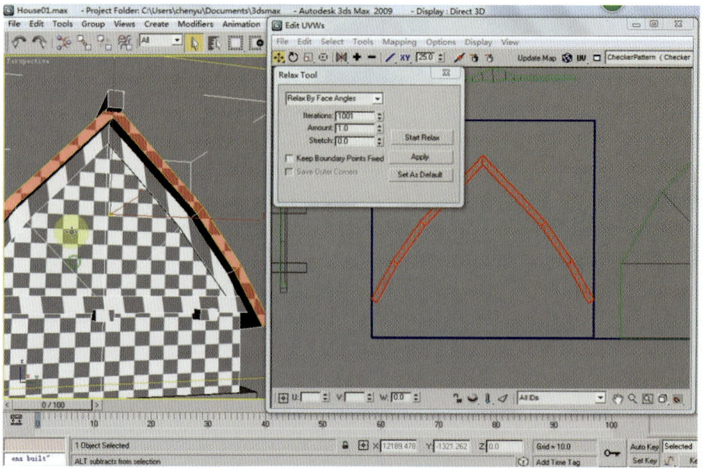

图 4-2-12　展开侧边的面

（3）选择横梁模型，由于横梁是一个具有六个面的方盒，分别将其上、左、前三个面选中并执行“Quick Planar Map”展开（见图 4-2-13），其他部分待后面再重叠在一起。展开屋檐 UV，同样对其执行“Quick Planar Map”将其展开（见图 4-2-14），并将其对折重叠在一起，将对应的点重合在一起。建筑的腰线也以同样的方法展开。

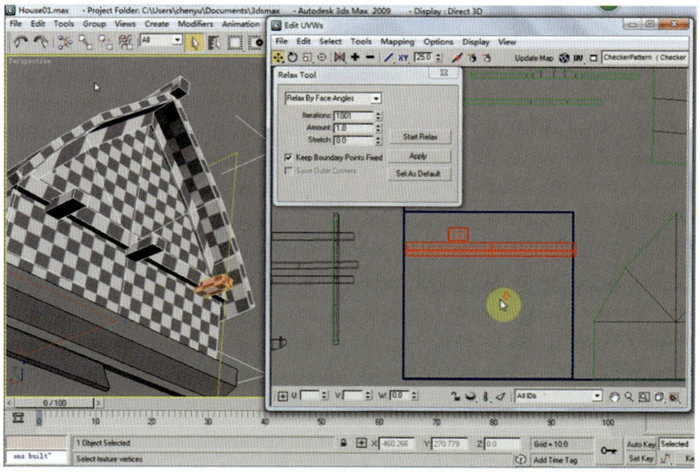

图 4-2-13　执行“Quick Planar Map”展开

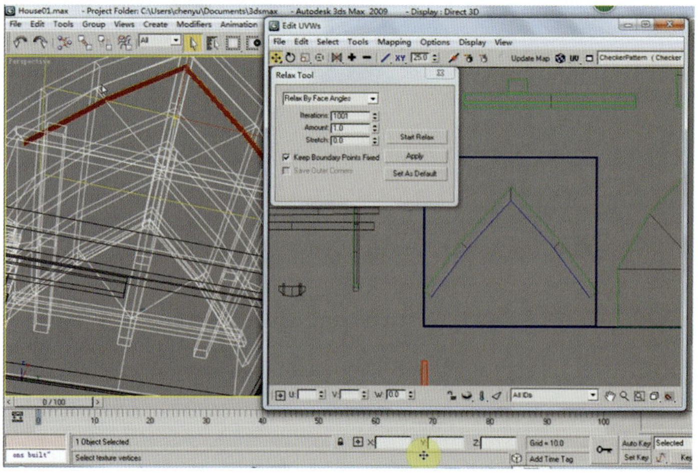

图 4-2-14　展开屋檐 UV

选择腰线并执行“Quick Planar Map”（见图 4–2–15），再分别点选其可视面，执行“Quick Planar Map”命令，使其分开，并将不同部分排列在一起（见图 4–2–16）。

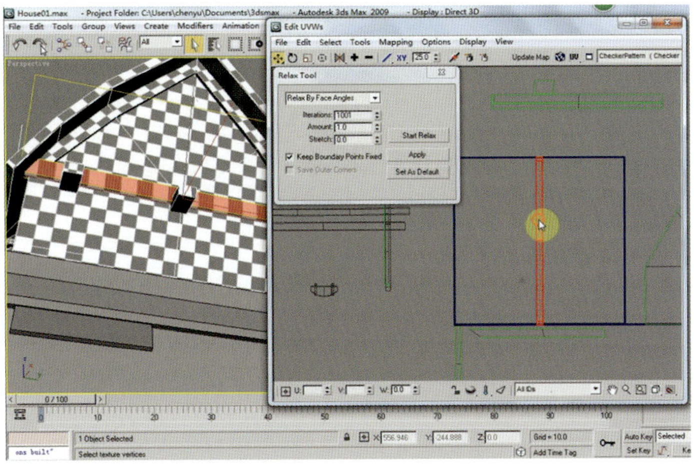

图 4–2–15 选择腰线并执行“Quick Planar Map”

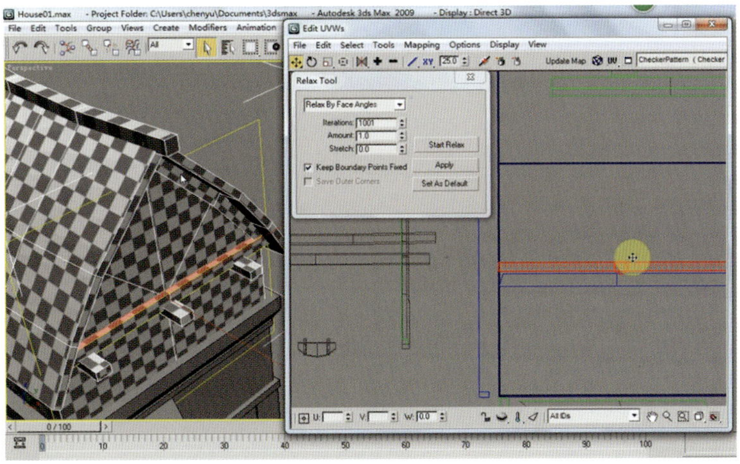

图 4–2–16 将不同部分排列在一起

将最顶部的屋脊的 UV 展开（见图 4–2–17），由于其和下面的横梁结构相同，都是方盒造型，故操作方法相同。这里不再赘述，具体操作可扫描二维码下载观看。

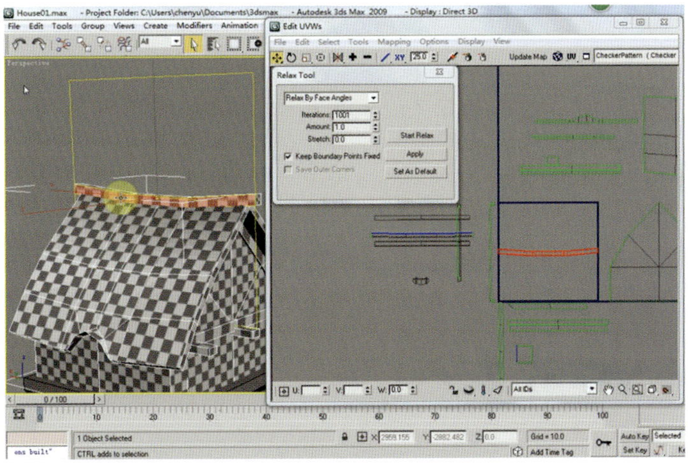

图 4–2–17 展开最顶部的屋脊的 UV

（4）按 5 键，切换到元素层级操作模式，将分好 UV 的横梁模型选中并复制，将没有展开 UV 的模型删除，用分好 UV 的模型代替（见图 4–2–18）。

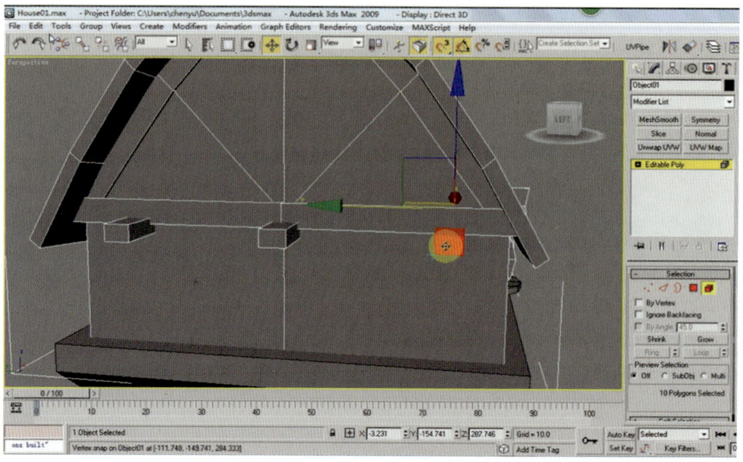

图 4–2–18　用分好 UV 的模型代替没有展开 UV 的模型

同样对窗户、屋檐、腰线相同部分进行以上操作，用分好 UV 的模型代替（见图 4–2–19），这样就减少了工作量。选择模型，单击右键，执行 “Convert to Editable Poly” （见图 4–2–20），将其转换为可编辑的多边形。

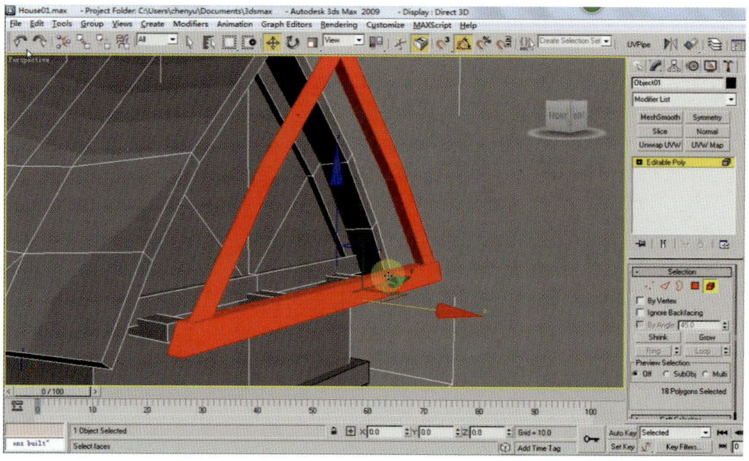

图 4–2–19　用分好 UV 的模型代替没有展开 UV 的窗户、屋檐、腰线中的模型

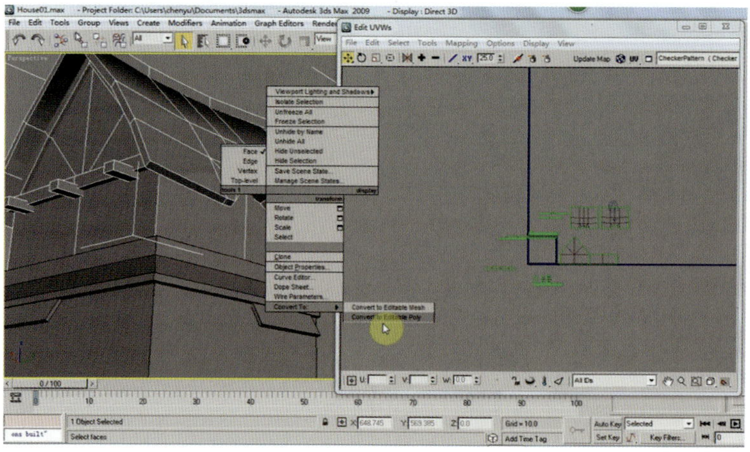

图 4–2–20　执行 “Convert to Editable Poly”

（5）将建筑下方的 UV 展开。按 5 键切换到元素层级操作模式，首先把相同造型选中（见图 4–2–21），单击修改面板中的“Detach”（分离），将大多数相同造型模型分离出去，只留下将要进行 UV 展开的模型（见图 4–2–22）。

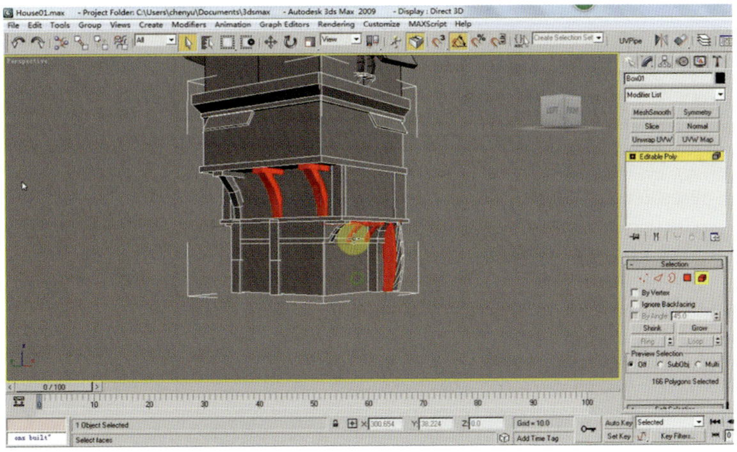

图 4–2–21　选中相同造型

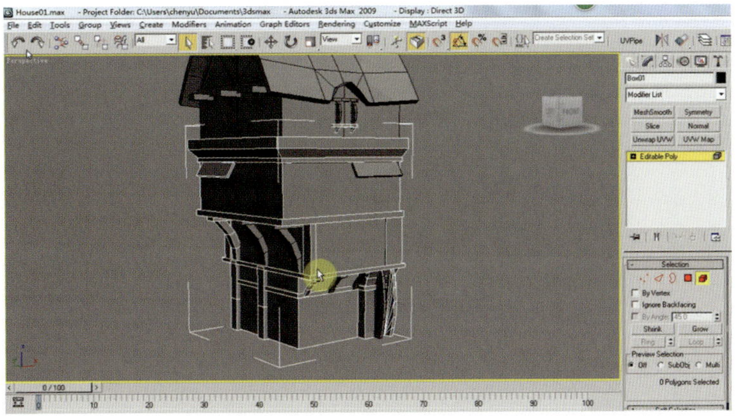

图 4–2–22　留下将要进行 UV 展开的模型

UV 分好之后将其复制到相同模型处进行替代，以减少工作量。选择建筑下方的支撑立柱，单击修改面板上的“Quick Planar Map”，并选择“Edit UVWs”中“Tools”菜单下的“Relax”，按图 4–2–23 所示参数设置进行展开。在视图中选择交接线（见图 4–2–24）。

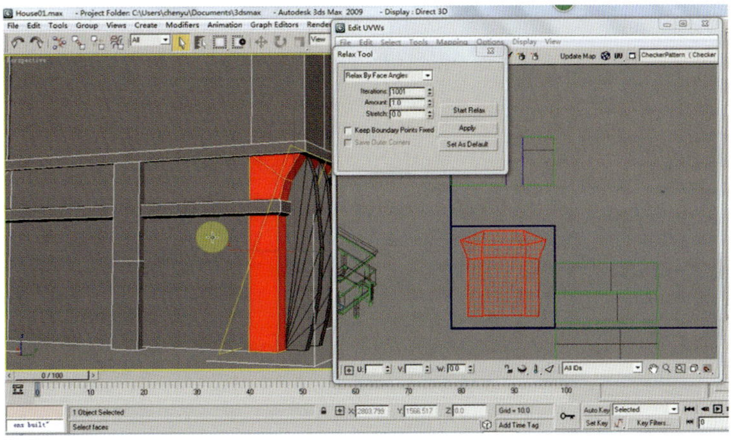

图 4–2–23　参数设置

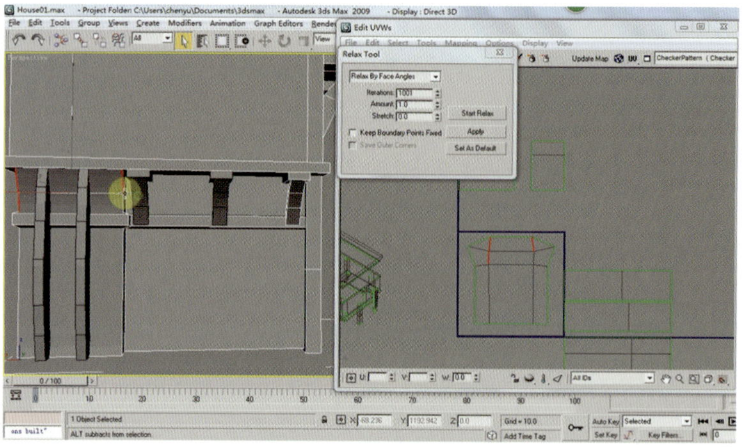

图 4-2-24　选择交接线

按“Ctrl+B”组合键将其断开，再单击“Relax Tool”对话框中的“Start Relax”进行展开（见图 4-2-25），并将其放置在蓝色的有效方框旁边。下面的操作基本都是将模型使用“Quick Planar Map”命令展开，这里就不再赘述，请扫描二维码下载观看。

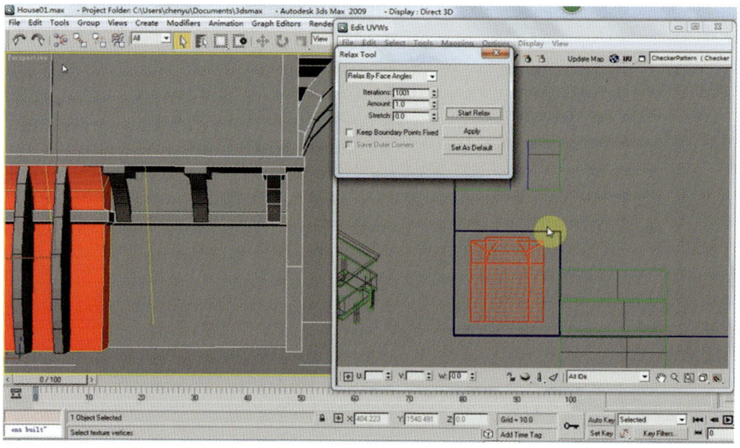

图 4-2-25　进行展开

（6）所有的 UV 展开操作完成后，呈现如图 4-2-26 所示的效果。

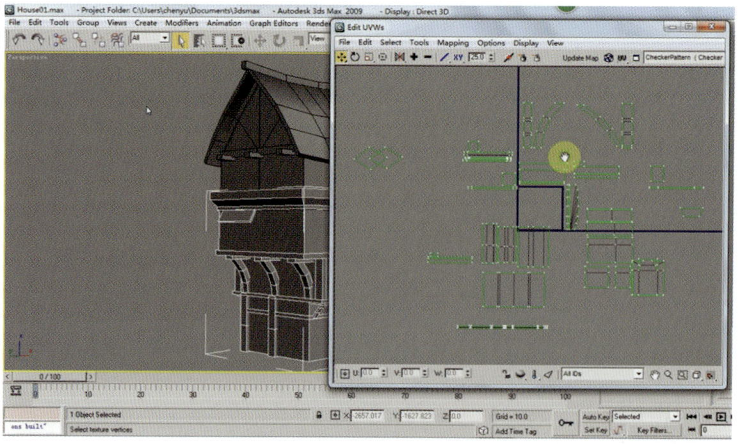

图 4-2-26　所有 UV 展开效果

将分散在蓝色有效区域外的 UV 全部摆放到蓝色方框内。在摆放 UV 时要将有共用的地方的 UV 重叠在一起，将同一个模型不同部位的 UV 拼合在一起，以避免绘制贴图时产生色差，如图 4–2–27 所示，要将这部分的 UV 拼合起来。拼合好后，将所有 UV 排列到蓝色方框内（见图 4–2–28）。

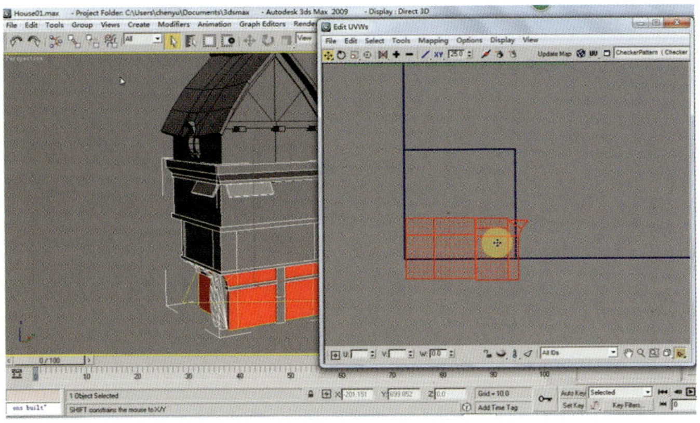

图 4–2–27 待拼合起来的 UV

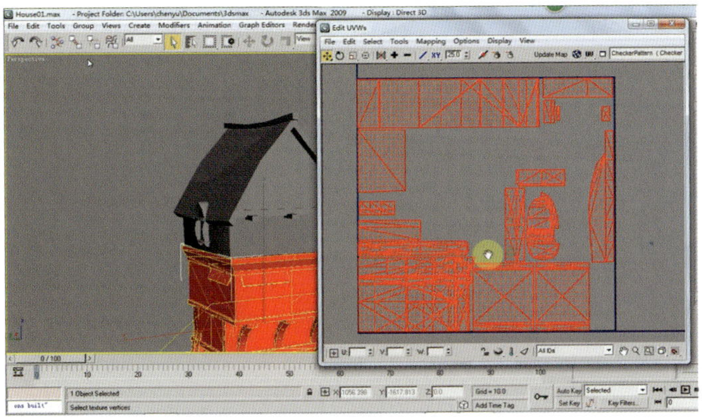

图 4–2–28 将所有 UV 排列到蓝色方框内

注意：排列 UV 的原则是基本保持 UV 的原来大小和比例。放大或缩小都会改变其绘制贴图的质量和精度，一张贴图中不能出现有的地方清晰度高、有的清晰度低的情况。不同位置的 UV 间距要保持在 1~2 个像素，这样色彩就不会影响其他部位。分配好 UV 位置之后单击 UV 编辑面板中的“Tools”菜单，选择“Render UVW Template”（渲染 UVW 贴图）（见图 4–2–29），在弹出的对话框中将“Width”（宽）和“Height”（高）设为“1024”，其他设置保持缺省值，单击“Render UV Template”（见图 4–2–30），将弹出的贴图保存为 png 格式。

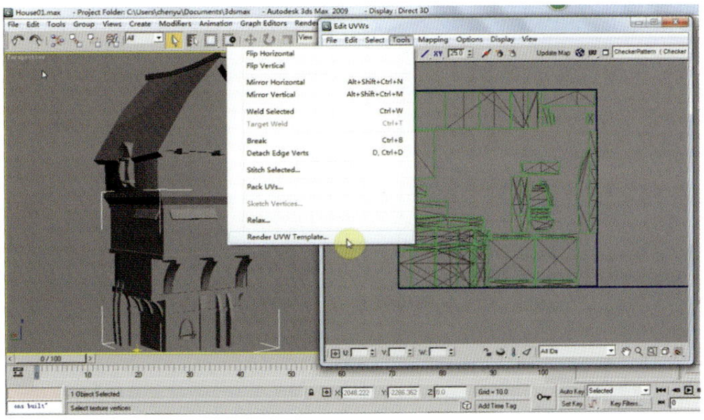

图 4–2–29 选择“Render UVW Template”

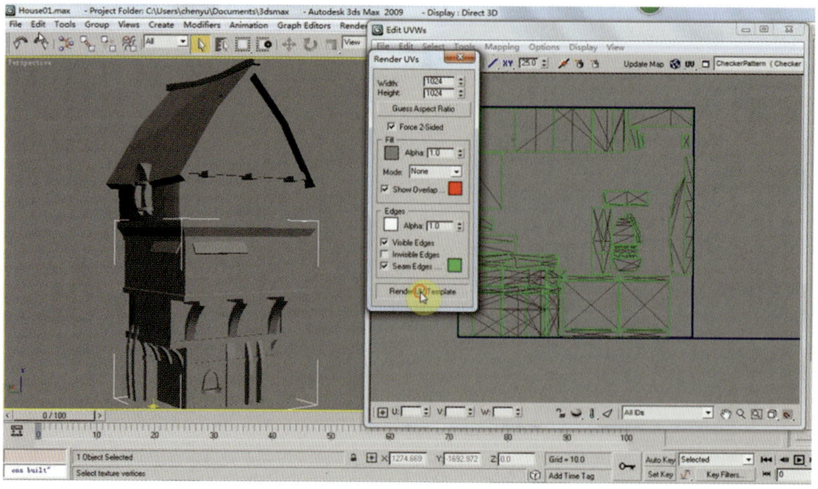

图 4-2-30　单击“Render UV Template”

（7）在视图中选择模型，在修改面板中选择“Turn to Poly”，在参数面板中勾选“Limit Polygon Size”，将“Max Size”改为 3（见图 4-2-31），这样模型的面就转换为三边面了。

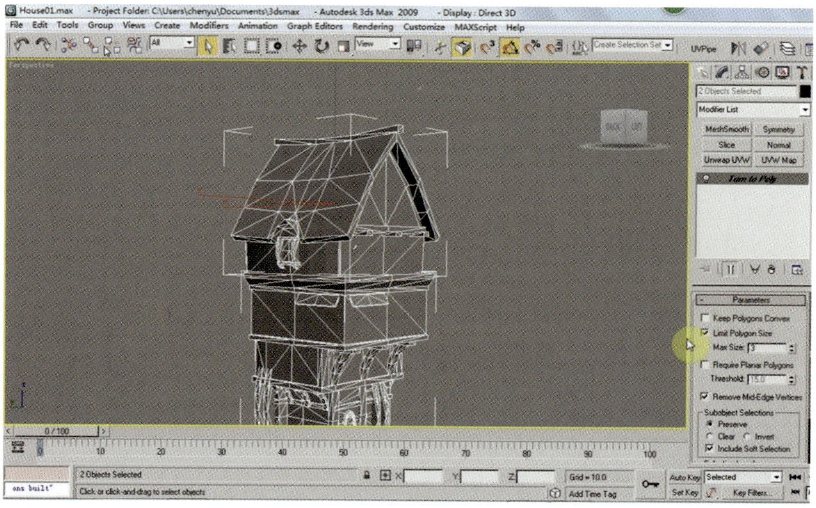

图 4-2-31　将“Max Size”改为 3

第三节　AO 贴图的制作

（1）将事先绘制好的贴图贴到模型上来（见图 4-3-1）（在本节中重点介绍 AO 贴图的制作方法）。AO 贴图在实际应用中主要是通过产生阴影来改善场景模型本身结构转折的空间感。

（2）在修改面板中选择灯光面板，在“Standard”（标准）模式灯光下选择“Skylight”（天空光）（见图 4-3-2），产生一盏可产生天空光的灯。

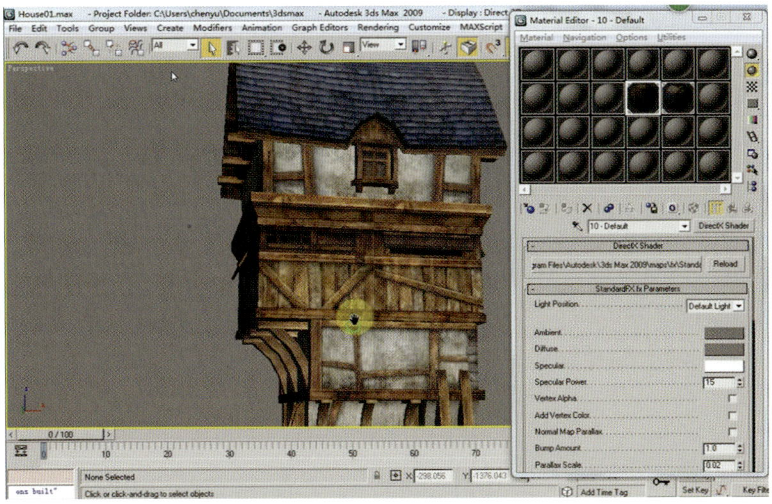

图 4–3–1　将贴图贴到模型上

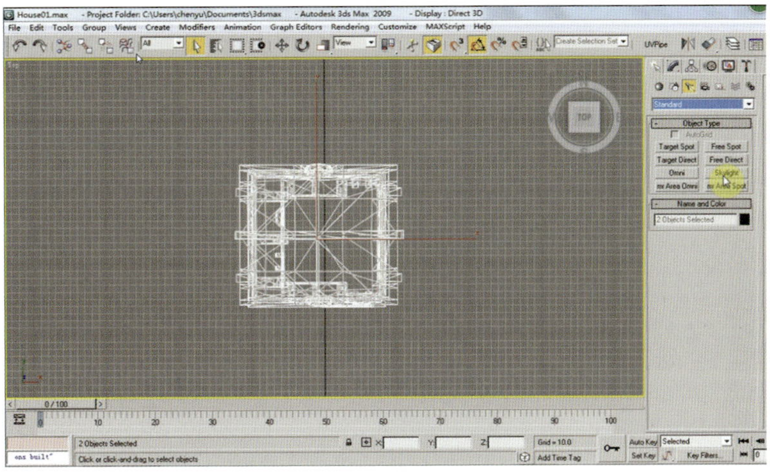

图 4–3–2　选择“Skylight”

将灯拖曳到建筑物的上方，按 F10 键调出渲染设置面板，点选“Advanced Lighting”（高级采光），再单击“〈no lighting plug–in〉”右侧的三角形选择“Light Tracer”（光线追踪）选项（见图 4–3–3）。框选视图中的模型，按 0 键调出“Render To Texture”（渲染材质）面板（见图 4–3–4）。

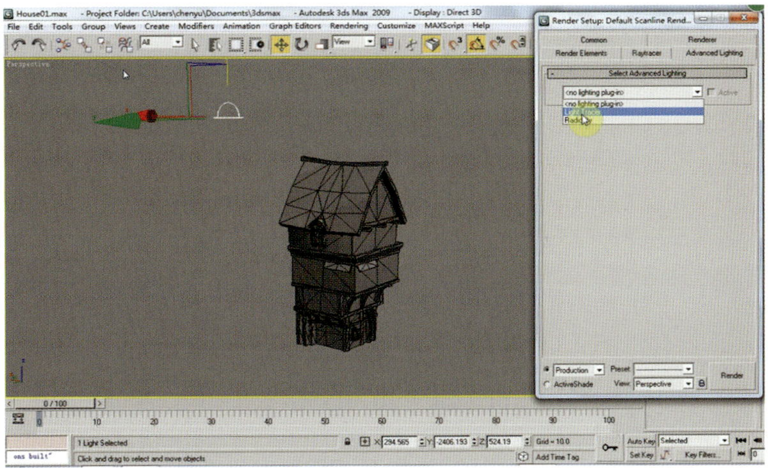

图 4–3–3　选择“Light Tracer”选项

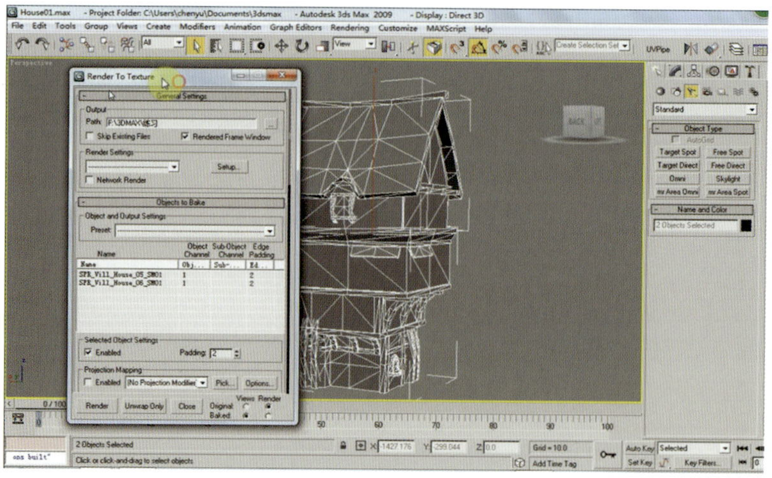

图 4–3–4　调出“Render To Texture”面板

所画模型分为上下两个部分。先选择下面那一部分，将“Render To Texture”面板中的“Padding”调整为 4，单击下方的“Add”（添加），在弹出的面板中选择“CompleteMap”（完整贴图）（见图 4–3–5），再单击“Add”，选择“LightingMap”（光影贴图）（选择后界面如图 4–3–6 所示），默认贴图尺寸大小为“256 × 256”。

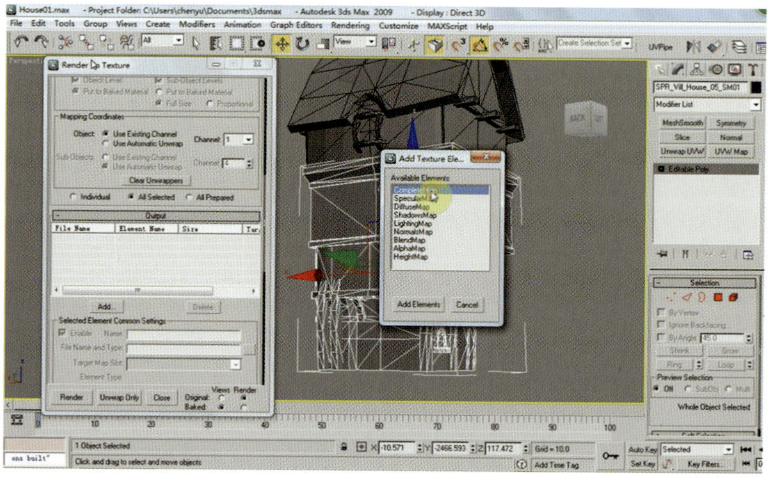

图 4–3–5　选择“CompleteMap”

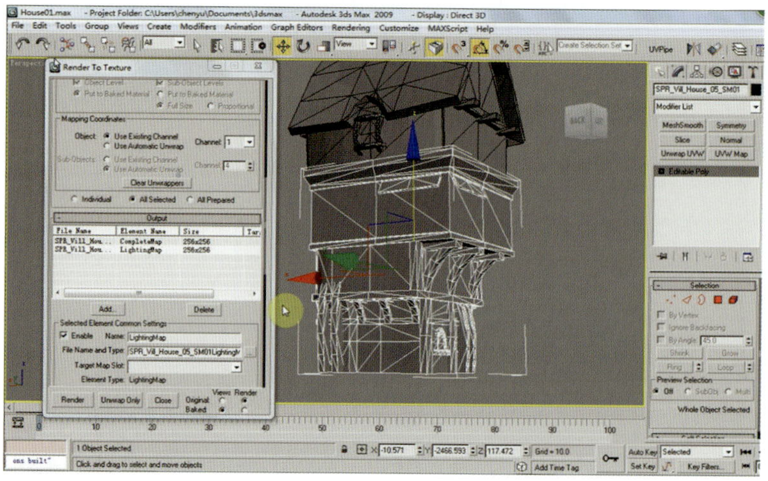

图 4–3–6　选择“LightingMap”后的界面

点选“CompleteMap”行向上拖动面板，在下方单击“1024×1024”按钮修改尺寸。再单击“File Name and Type”（文件名称与类型）右侧的灰色方块将其保存为 tga 格式的文件。

点选“LightingMap”行，单击“1024x1024”按钮，然后同样保存为 tga 格式的文件（见图 4–3–7）。单击面板下方的“Render”开始渲染，在弹出的对话框中单击“Continue”（继续），完成渲染的效果如图 4–3–8 所示。

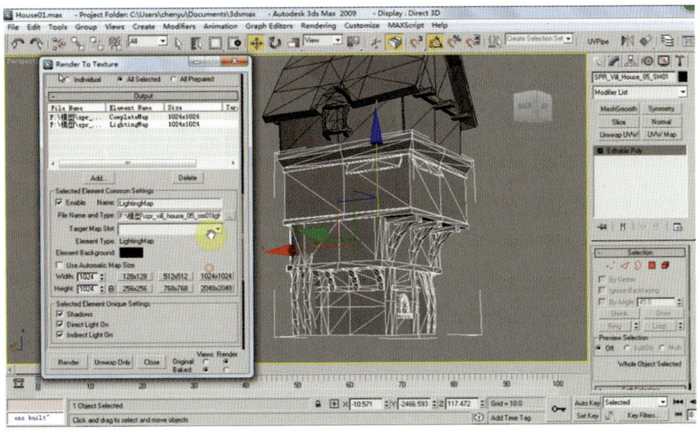

图 4–3–7　将光影贴图保存为 tga 格式的文件

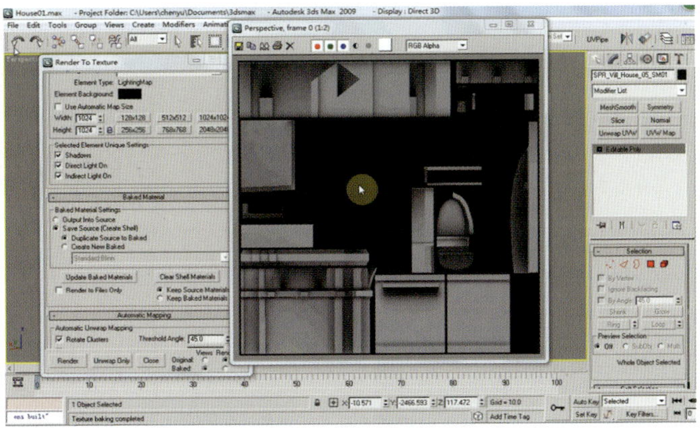

图 4–3–8　完成渲染的效果

（3）打开 Photoshop 软件，将刚渲染好的两张贴图拖入 Photoshop 中，并打开色彩贴图（见图 4–3–9）。两张不同的灰色贴图中，受光面亮度较低的一张贴图为 AO 贴图，AO 贴图主要表示阴影的分布状况（见图 4–3–10）。

图 4–3–9　打开色彩贴图

图 4-3-10　AO 贴图表示阴影的分布状况

选择 AO 贴图，在通道面板上，按 Ctrl 键的同时单击选择“Alpha 1”通道。这时，系统将贴图中的灰亮部分予以选取（见图 4-3-11），按键盘上的“Ctrl+C”组合键复制，点选另一张色彩贴图，按“Ctrl+V”组合键粘贴到色彩贴图图层中（见图 4-3-12）。由于现在使用的色彩贴图是一张没有重叠 UV 的贴图，而渲染后的 AO 贴图和光影贴图是共用 UV 的贴图，所以有些不同。可观看相同部分的合成效果，学习这种方法。

图 4-3-11　选取灰亮部分

图 4-3-12　将 AO 贴图中的灰亮部分粘贴到色彩贴图图层中

（4）将覆盖在色彩贴图上的 AO 贴图部分的图层模式修改为“叠加”（见图 4–3–13）。这时可以看到，AO 贴图中较暗部分加强了色彩贴图中的阴影效果，如图 4–3–14 中的虚线处。

图 4–3–13　修改图层模式为叠加

图 4–3–14　色彩贴图中的阴影效果加强

选择较亮的灰色贴图（光影贴图），单击选择“通道”面板，按 Ctrl 键的同时单击选择“Alpha 1”通道。这时，系统将贴图中的灰亮部分予以选取（见图 4–3–15）。按“Ctrl+C”组合键复制，单击选择“图层”面板，按“Ctrl+V”组合键将选中的灰亮部分粘贴到图层中，并将这一层拖曳至色彩贴图中，将图层模式修改为“叠加”，这时色彩贴图被提亮了（见图 4–3–16）。利用这样的方法来完善贴图，使贴图效果更为逼真、自然。

图 4–3–15　选取光影贴图中的灰亮部分

图 4-3-16　色彩贴图被提亮

（5）利用这种原理来绘制贴图，可以更能灵活地操纵贴图。关闭图层面板中灰色贴图的眼睛图标，使贴图不可见。单击选择最下层的色彩贴图，再单击新建图层按钮新建一个图层（见图 4-3-17），单击前景色按钮，在弹出的对话框中的“#”处输入灰色的代码“808080”，使拾色图标锁定在灰色区域（见图 4-3-18）。

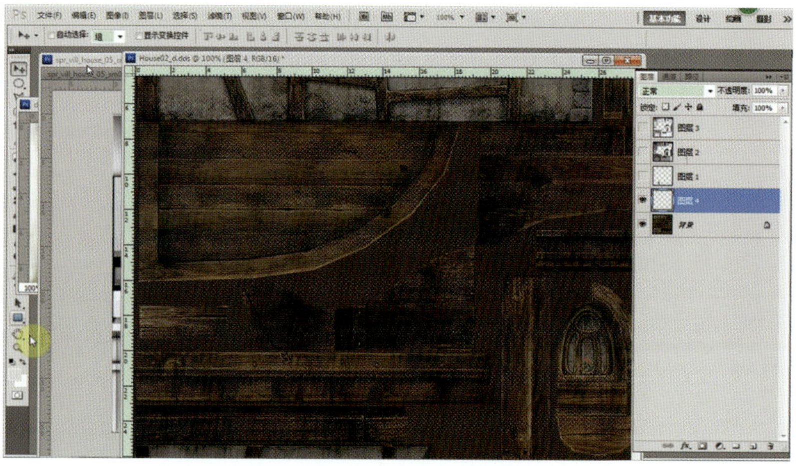

图 4-3-17　新建一个图层

图 4-3-18　使拾色图标锁定在灰色区域

按“Alt+Delete”组合键对新建图层予以填充（见图 4-3-19），并将其图层模式修改为叠加模式，灰色变为透明。

图 4-3-19　填充新建图层

利用套索工具框选出制作区，单击前景色按钮，调出颜色选择对话框，将色彩选择图标先放置在靠下位置，选择颜色较深的灰色（见图 4-3-20），单击“确定”，按“Alt+Delete”组合键填充选择区域（见图 4-3-21）。

图 4-3-20　选择较深的灰色

图 4-3-21　填充选择区域

（6）用同样的方法，在另一个区域框选出操作区以制作背光效果（见图 4–3–22）。

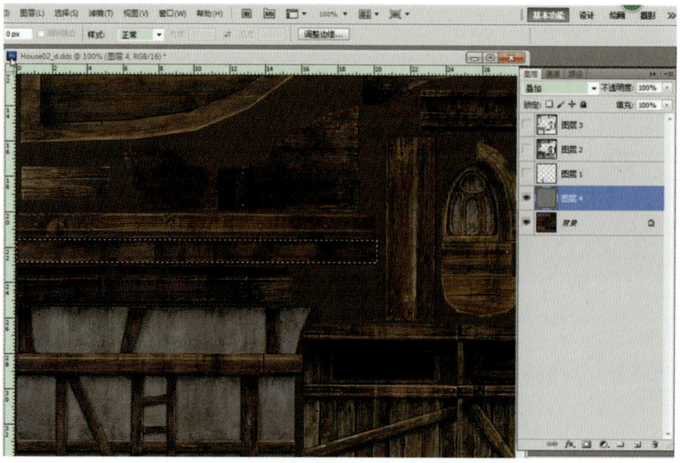

图 4–3–22　框选操作区以制作背光效果

单击前景色，调出色彩选择对话框，选取较深的灰色，按“Alt+Delete”组合键填充（见图 4–3–23）。这时操作区内的部分就比其上部分的颜色暗，反映出背光的效果，再加上图层模式是“叠加”，灰色半透明，所以木材的纹理还能显示出来。用同样的方法调亮受光部的效果。选取受光区域（见图 4–3–24）。

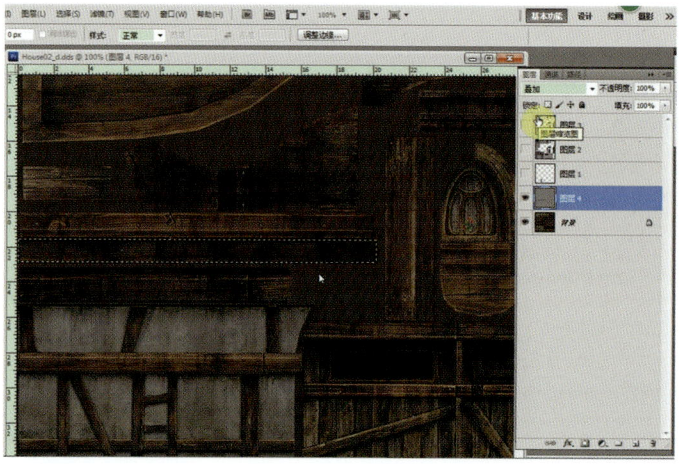

图 4–3–23　填充

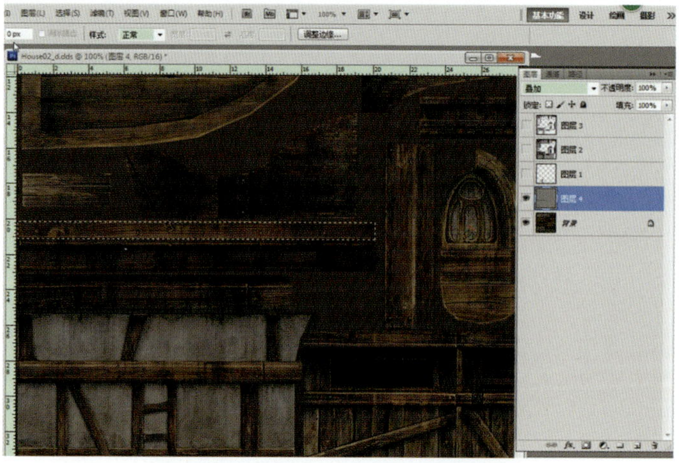

图 4–3–24　选取受光区域

单击前景色，调出色彩选择对话框，选取较亮的灰色，按“Alt+Delete”组合键填充。这时受光部位被提亮（见图 4–3–25）。关闭色彩图层，可以看到，使用了两个不同的灰色来对其进行色彩加深和提亮操作，模拟出了背光和受光效果（见图 4–3–26）。这种方法是在局部进行操作，因而不会影响到整体的效果。

图 4–3–25　受光部位被提亮

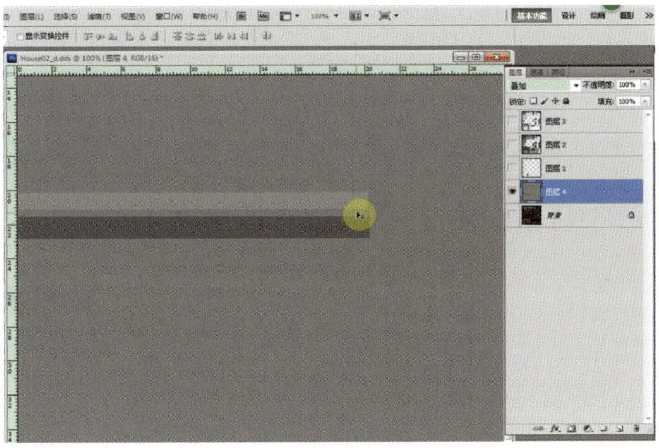

图 4–3–26　模拟出的背光和受光效果

（7）合成污渍，可以提高真实程度。将事先准备好的污渍图片打开，在“选择”菜单中点选“色彩范围”，将鼠标移至污渍图片的白色区域并单击，选择白色区域，按“Ctrl+Shift+I”组合键反向选择，使污渍部分呈选择状态并将其拖曳至色彩贴图之上，摆放到合适的位置（见图 4–3–27），按“Ctrl+T”组合键进行大小调整（见图 4–3–28），并将污渍图层的图层模式修改为“柔光”。

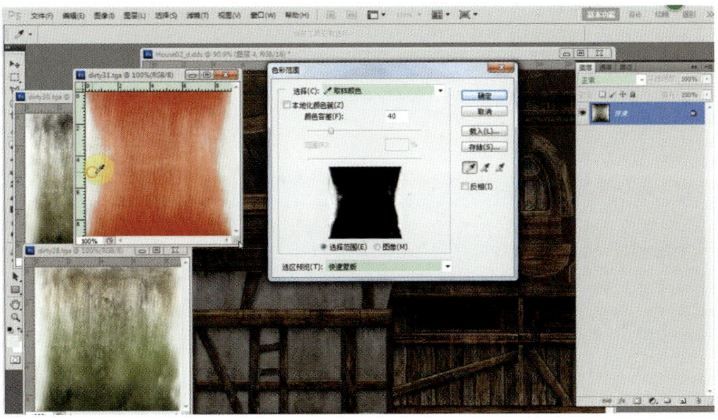

图 4–3–27　将污渍摆放到合适的位置

图 4-3-28　对污渍大小进行调整

在污渍图层处于选择状态时，单击图层面板下方的蒙版按钮，为该图层添加一个图层蒙版，并用黑色填充（见图 4-3-29）。注意：图层蒙版中使用黑色表示透明，可以将图片信息完全过滤掉；使用白色表示不透明，可以使图片信息保留或恢复原来的状态。将多余的部分去掉，使图层蒙版处于选择状态，用套索工具将多余位置选取出来并用黑色填充（见图 4-3-30）。调整一下透明度，使污渍和底层更好地融合。

图 4-3-29　用黑色填充添加的蒙版

图 4-3-30　用黑色填充多余位置

（8）绘制破损效果。利用灰度图可以模拟背光和受光效果，也可以绘制破损效果，利用深灰和亮灰交替来使破损形象产生（见图 4–3–31）。

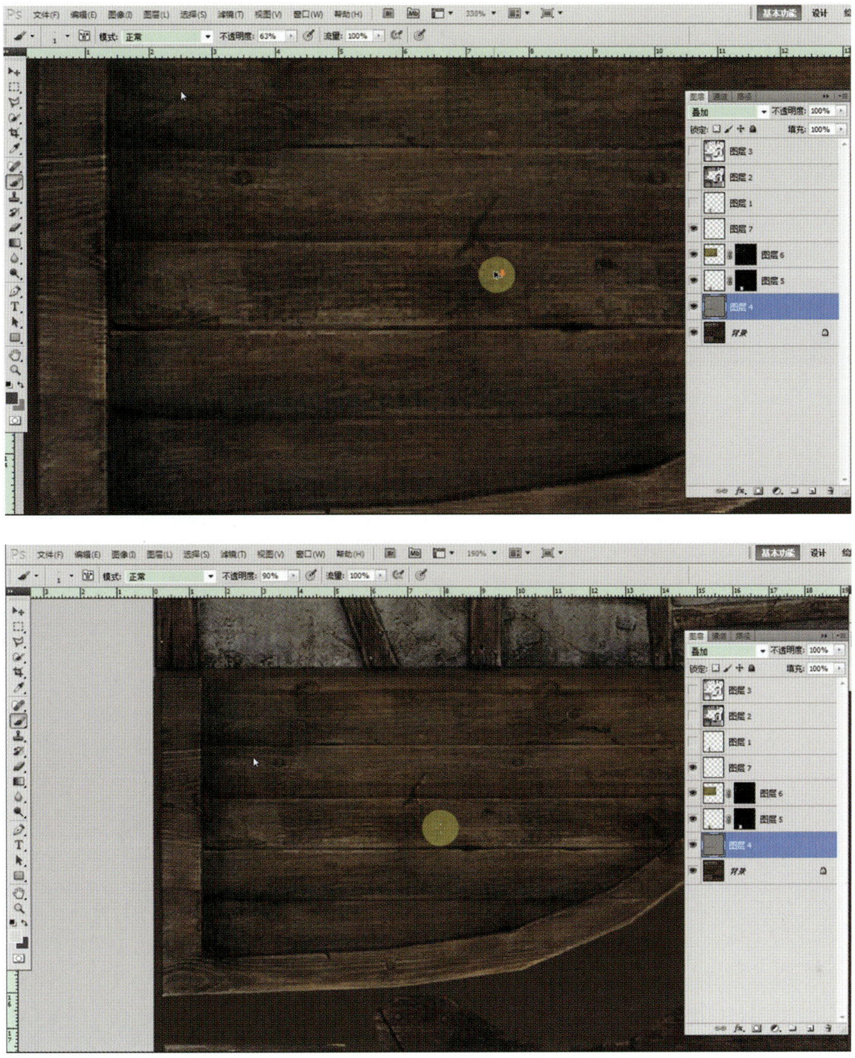

图 4–3–31　绘制破损效果

第四节　透明贴图的制作方法

（1）使用透明贴图在游戏模型制作中是经常用到的一种方法，可以利用贴图的透明部分使模型制作简单快捷，更能突出异型模型制作的方便和贴图过滤的快捷。

（2）在 Photoshop 软件中打开一张范例图片（见图 4–4–1）。将背景层向下拖曳复制，单击“选择”—“色彩范围”，弹出“色彩范围”对话框。将鼠标移至图片白色部分并单击左键确定选择范围（见图 4–4–2）。

图 4–4–1　范例图片

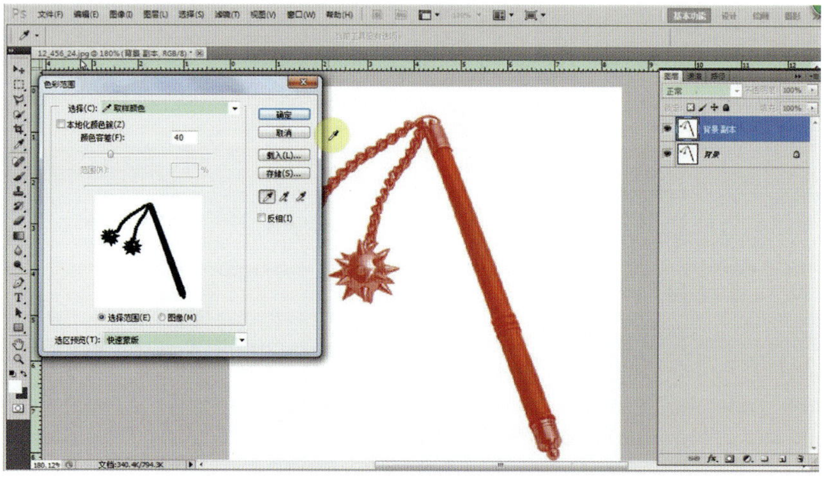

图 4–4–2　确定选择范围

图片中的白色背景被选中，金属高光的白色也同时被选中，按 Alt 键进行减选，把金属高光的白色部分减去（见图 4–4–3）。在“通道”面板上单击下方的新建图标，新建一个“Alpha 1”通道并将前景色改为白色（见图 4–4–4）。注意：在通道中白色为完全不透明区域，黑色为完全透明区域，灰色为半透明区域。

图 4–4–3　把金属高光的白色部分减去

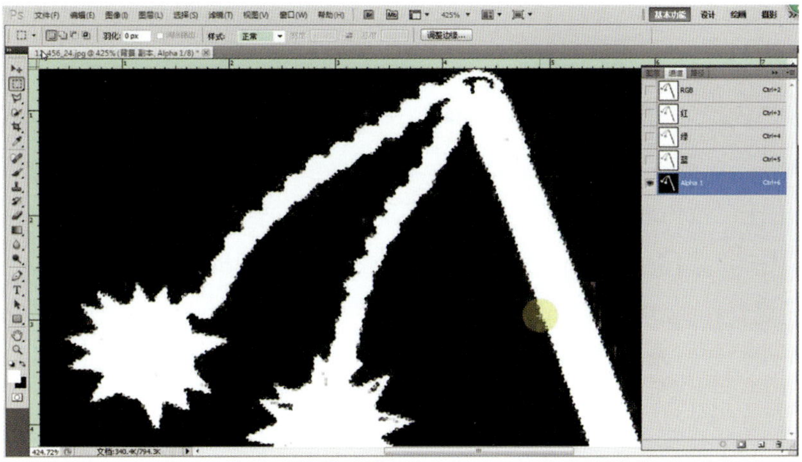

图 4-4-4　新建通道并将其前景色改为白色

将噪点用白色填充，确保其为不透明以避免错误。切换到图层面板，按“Ctrl+J”组合键将选区复制为一个单独图层（见图 4-4-5），将其存储为 dds 格式的文件，在弹出的对话框中选择“DXT5 ARGB 8 bpp | interpolated alpha”。这是一个带通道信息的文件格式（见图 4-4-6）。注意：使用这个格式的文件一定得修改像素为“256×256”或“512×512”等。

图 4-4-5　复制为单独图层

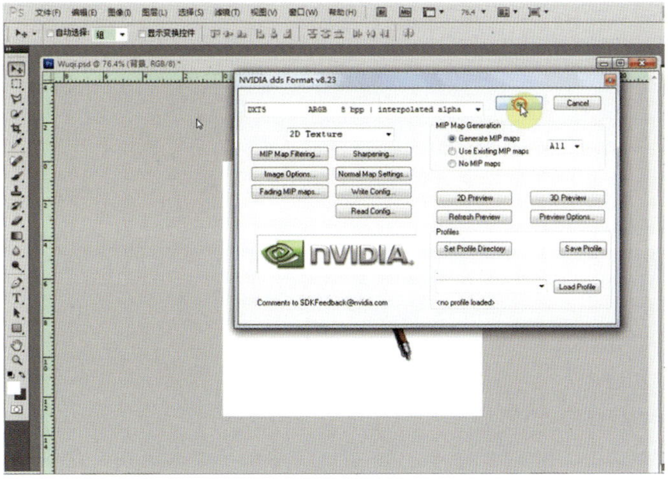

图 4-4-6　带通道信息的文件格式

打开 3ds Max 软件，并打开材质编辑器，选择一个示例球，将刚存储的贴图载入“Diffuse Color”中（见图 4-4-7）。

左键单击“Diffuse Color”右边带有贴图名称的长条拖曳到下方的“Opacity”（不透明通道）中，在弹出的对话框中选择“Copy”（复制），单击“OK”。这样，一张贴图就用在两个通道中了（见图 4-4-8）。

向下滑动卷展栏或单击“Diffuse Color”右面的长条，进入贴图属性面板，确保“None（Opaque）”处于点选状态（见图 4-4-9）。再进入“Opacity”对应的贴图属性面板，点选“Alpha Source”（通道源）下面的“Image Alpha”；点选“Mono Channel Output”下面的“Alpha”；点选“RGB Channel Output”下面的“Alpha as Gray”（灰色通道方式）。单击赋予场景材质按钮，将带有“Alpha 1”通道信息的贴图贴至视图中的模型上（见图 4-4-10）。

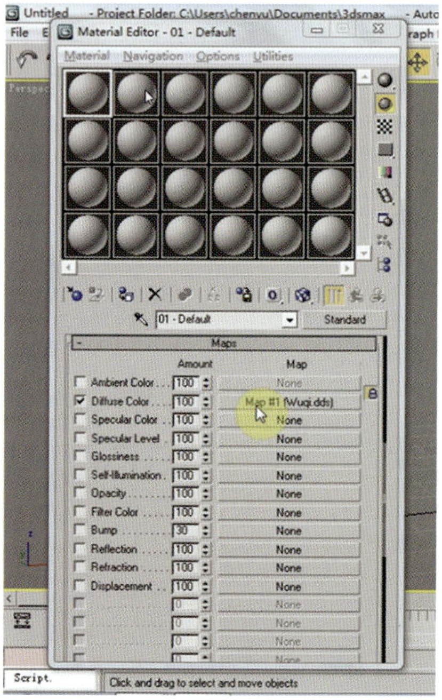

图 4-4-7　载入“Diffuse Color”中

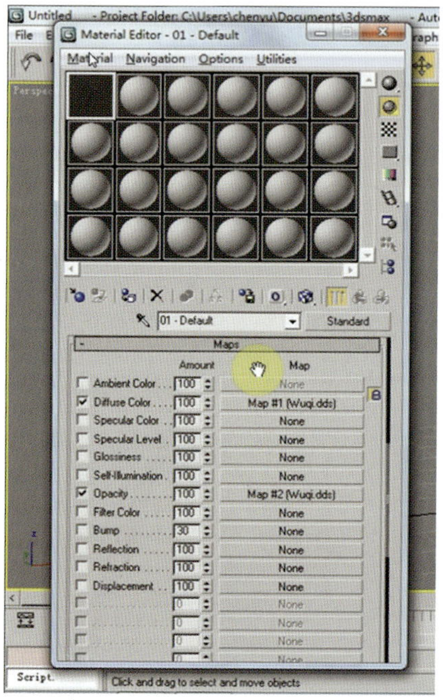

图 4-4-8　一张贴图用在两个通道中

图 4-4-9　点选“None (Opaque)”

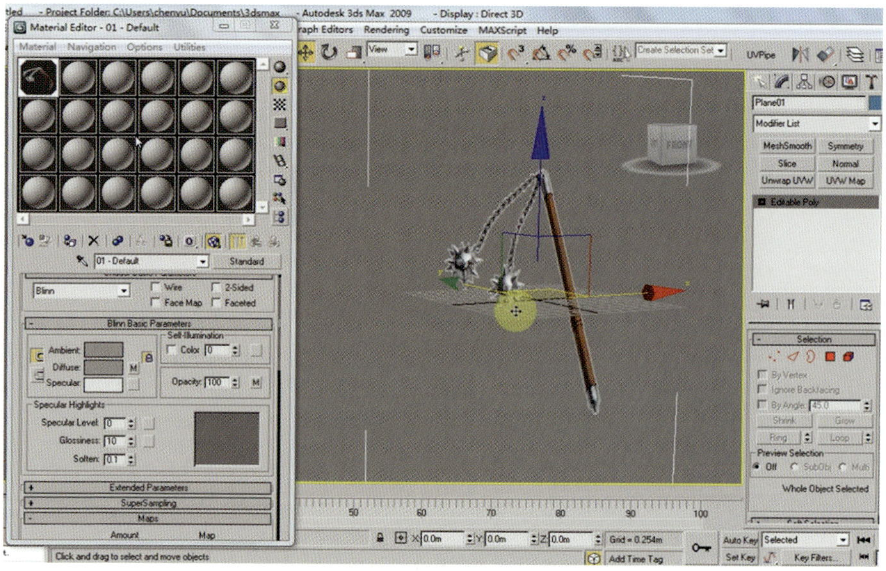

图 4-4-10　将带有“Alpha 1”通道信息的贴图贴至模型上

可以看到，贴图将独立显示在视图中，图像以外部分被屏蔽。但贴图边缘还有白色没有处理干净。重新进入 Photoshop 软件中，选择图层 1，按 Ctrl 键的同时单击图层图标调出选区，单击“选择”菜单中的“修改”子菜单，选择“收缩”项，设置“收缩量”为默认值 1 像素，单击“确定”（见图 4-4-11）。按“Ctrl+Shift+I”组合键将选区反转（见图 4-4-12）。

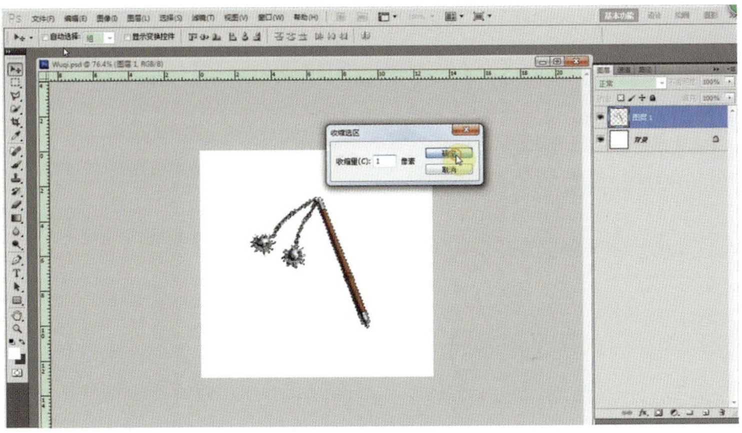

图 4-4-11　设置“收缩量”后单击“确定”

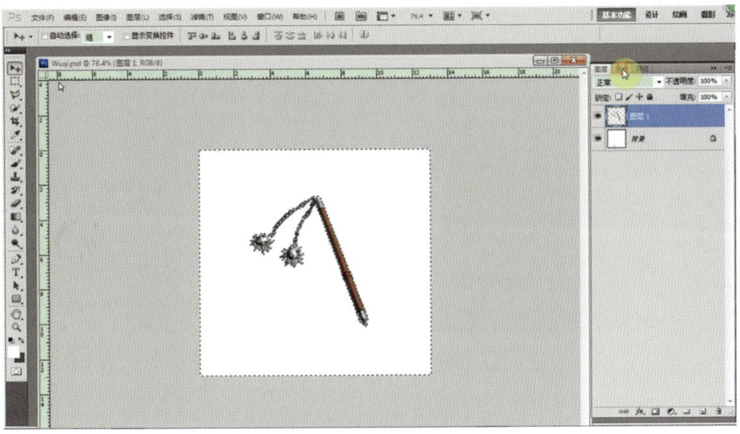

图 4-4-12　将选区反转

切换到通道面板，选择“Alpha 1”通道，确定前景色为黑色，按“Ctrl+Enter”组合键填充（见图 4-4-13）并存储。再次进入 3ds Max，看到白色边缘不见了（见图 4-4-14）。

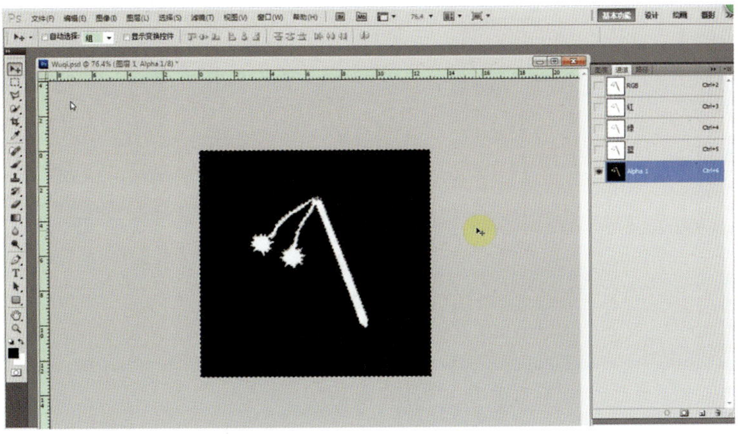

图 4-4-13　填充前景色

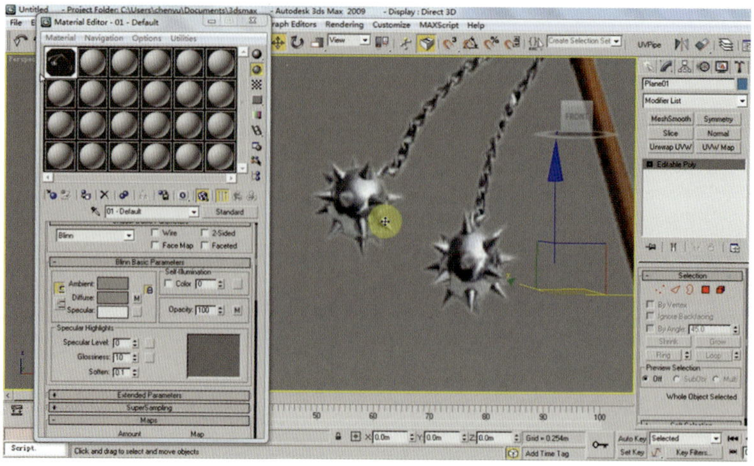

图 4-4-14　白色边缘不见了

（3）利用一块布来更好地理解透明贴图的使用方法。在 Photoshop 中打开事先准备好的红布贴图（见图 4-4-15），单击“图像”菜单，选择“画布大小”，在弹出的对话框中将宽度、高度都修改为 256 像素（见图 4-4-16）。

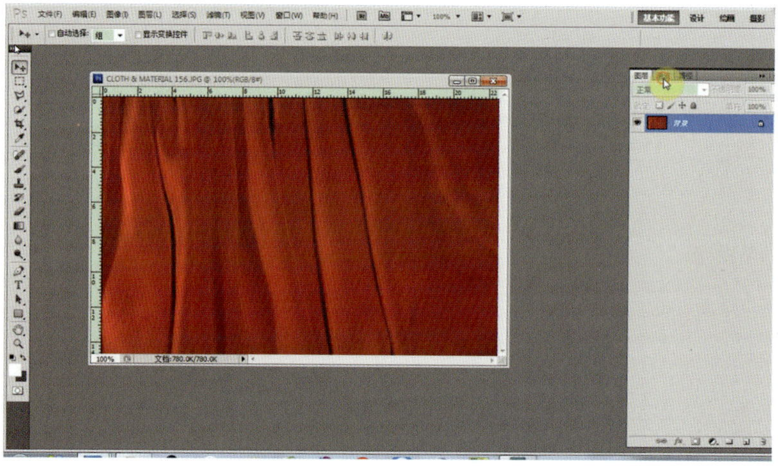

图 4-4-15　红布贴图

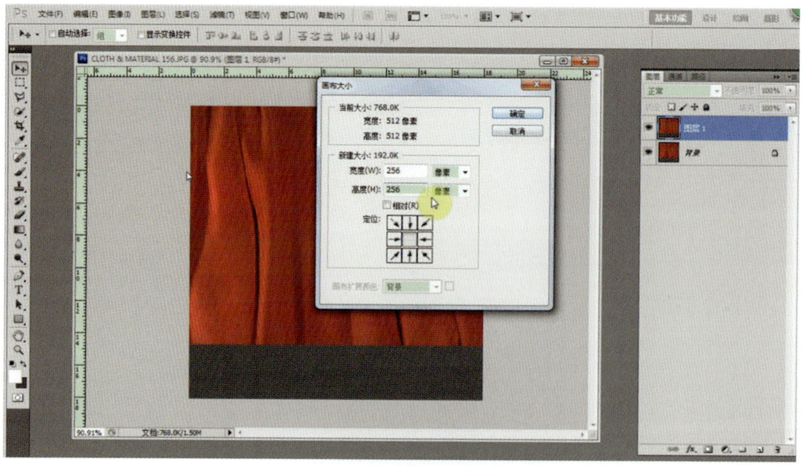

图 4-4-16　修改画布大小

切换到通道面板，单击新建通道按钮，建立一个“Alpha 1”通道，并按“Alt+Enter”组合键，用背景色将通道填充为白色（见图 4–4–17），单击“RGB”通道使其处于显示状态，再单击“Alpha 1”通道使其处于选择状态（见图 4–4–18）。

图 4–4–17　填充背景色为白色

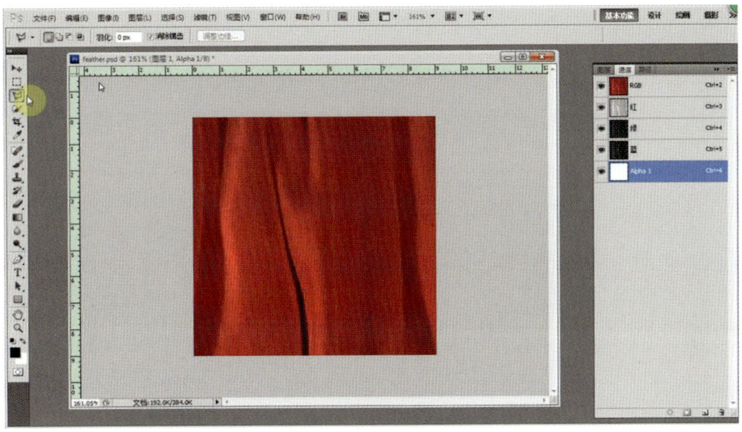

图 4–4–18　使“Alpha 1”通道处于选择状态

按 L 键选择自由套索工具，在贴图下方勾勒出不规则形，按“Alt+Ctrl+D”组合键调出羽化对话框，输入“羽化半径”值（为 1 像素）（见图 4–4–19）并确定。确保前景色为黑色，按“Alt+Enter”组合键填充，再次用套索工具在布的内部选择部分区域并羽化，用黑色填充，这样，在这块红布的底部和中间部位就完成了通道内的操作（完成后效果如图 4–4–20 所示）。将这张红布贴图存储为 dds 格式的文件。

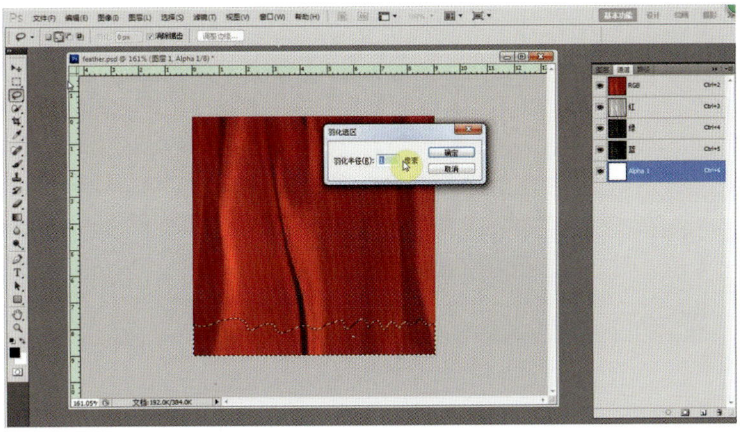

图 4–4–19　输入“羽化半径”值

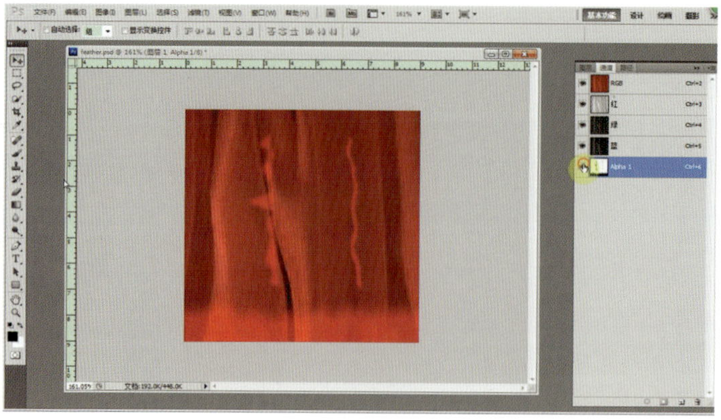

图 4-4-20　完成通道内操作后的效果

（4）在3ds Max中，打开材质编辑器并选择一个示例球，将贴图载入“Diffuse”贴图通道，复制到“Opacity”贴图通道内，进入属性面板，找到“Alpha Source”，点选下面的“Image Alpha”；点选“Mono Channel Output”下面的“Alpha”；点选“RGB Channel Output”下面的“Alpha as Gray”。单击赋予场景材质按钮，将带有“Alpha 1”通道信息的贴图贴至视图中的模型上（见图4-4-21）。可以看到，前面做过黑色填充的部位变为透明区域，透出灰色的背景。打开Photoshop，单击“Alpha 1”通道，显示出黑白形象（见图4-4-22）。在游戏场景的制作中，利用透明贴图技术来建模的频率是很高的，因为其方便快捷，可以节省很多的面数。

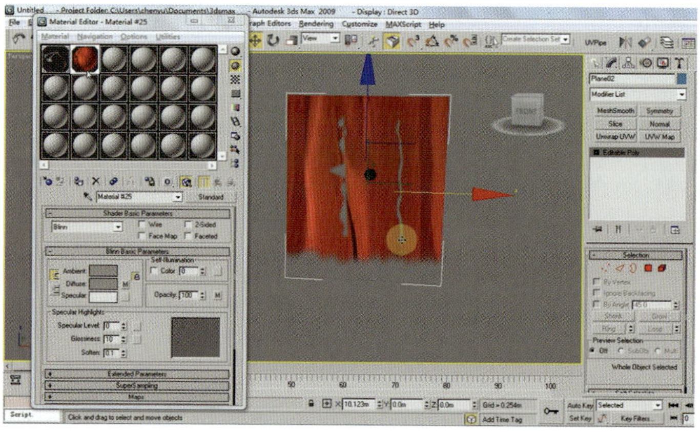

图 4-4-21　将带有“Alpha 1”通道信息的贴图贴至视图中的模型上

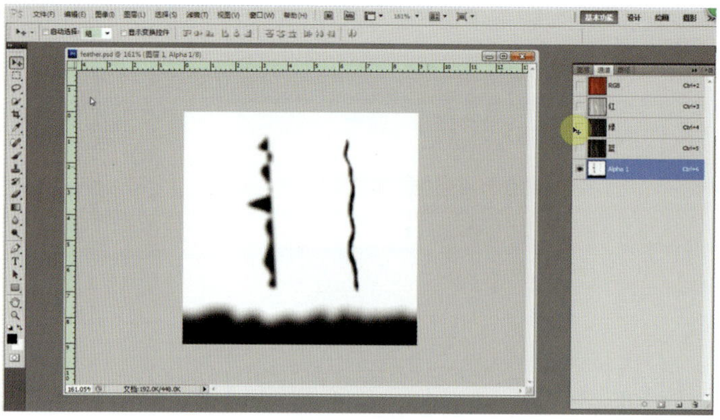

图 4-4-22　显示出黑白形象

3ds Max Youxi Changjing Zhizuo

第五章

作品欣赏

游戏场景作品如图 5-0-1 至图 5-0-10 所示。

图 5-0-1　游戏场景作品一

图 5-0-2　游戏场景作品二

图 5-0-3　游戏场景作品三

图 5-0-4　游戏场景作品四

图 5-0-5　游戏场景作品五

图 5-0-6 游戏场景作品六

图 5-0-7 游戏场景作品七

图 5-0-8 游戏场景作品八

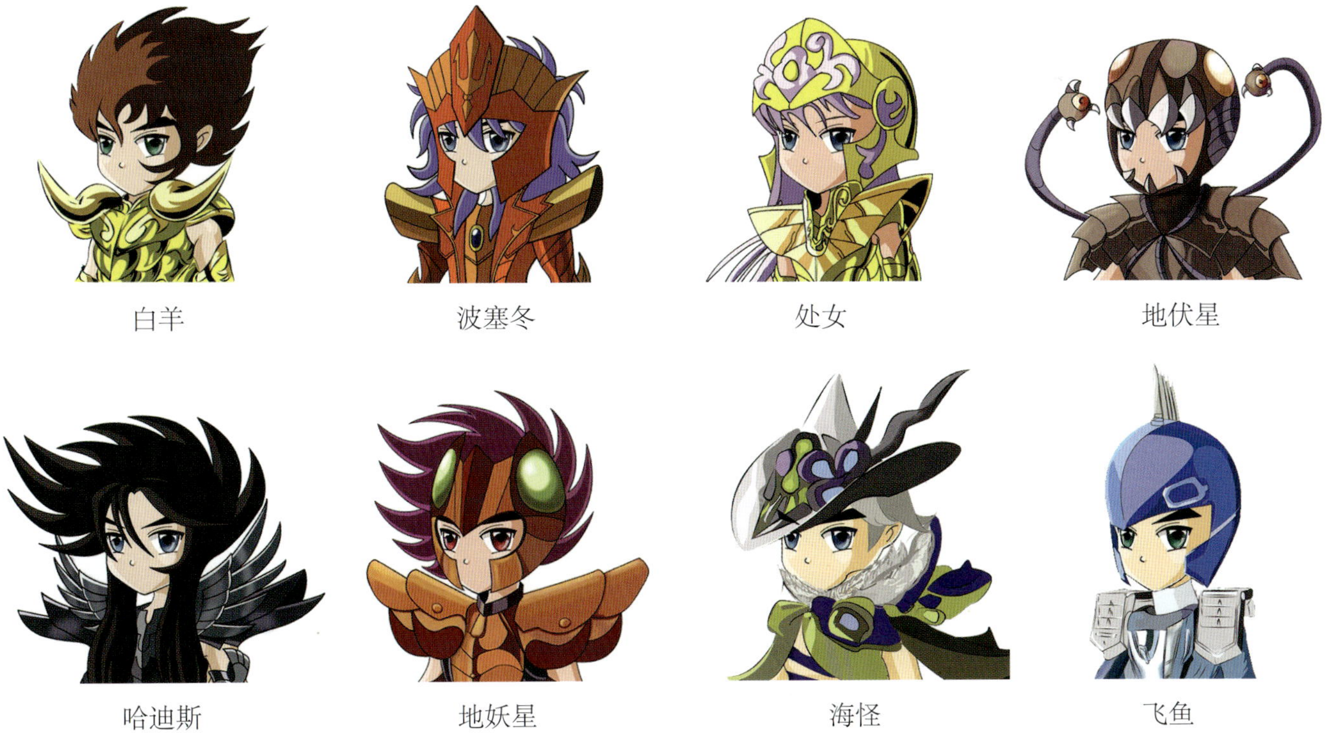

图 5-0-9 游戏场景作品九

海皇子
海蛇
海马
海龙
剑鱼
海妖
海豚
金牛
六圣兽
巨蟹
美人鱼
美杜莎
丘比特
摩羯
潘多拉
魔鬼鱼
射手
双子
双鱼
死神塔纳托斯
水瓶
狮子

续图 5-0-9

续图 5-0-9

图 5-0-10　游戏场景作品十

参考文献
References

[1] 张凡，谌宝业，等 .3ds Max 游戏场景设计 [M]. 北京：中国铁道出版社，2009.

[2] 王秀峰，阎河 .3ds max 2009 次世代游戏场景建模宝典 [M]. 北京：电子工业出版社，2009.

[3] 陈妍，等 .3ds max 游戏动画场景制作教程 [M]. 北京：中国水利水电出版社，2010.